人生にキャンピングカーを

Written by GAKU

JN077492

PRESENTED BY A-WORKS

プロローグ Prologue

ラップという音楽にのめり込み、青春の全てをそこに費やしてきた。気がつけば、プロデビューしてもうすぐ30年が経とうとしている。有難いことに沢山のお声がけをいただき、日本各地へ出向いて歌ってきた。

北は北海道。南は沖縄。行ったことのない都道府県は"多分"ない。この"多分"というのがずっと僕の中で引っかかっている。そう。記憶に残っていないのだ。

ツアーになれば日程はタイト。だから飛行機や新幹線でひとっ飛び。会場へ入り、とにかくアツいライブを行い、打ち上げ会場でその熱を冷ます。散々飲んでいつものように酔っ払ったらホテルの部屋へ。目覚めるころにはあら不思議、

「はて。今日はどこにいるんだっけ?」

日本屈指の名所と呼ばれる観光地でも、滅多に行くことができないリゾートでも、大都市の真ん中でも、毎度毎回その調子(きっとミュージシャンならわかってくれるはず)。カーテンを閉め切ったホテルの天井は大体どこも同じだ。これって相当もったいないんじゃないか。

いつからか僕はそう思うようになった。それぞれの街で出会うはずだった景色。人。そして感動。ステージと、打ち上げの店と、ホテルの3箇所。そのトライアングルの外にこそ、魅力溢れる何かがあるに違いない。忘れられない記憶として刻む日本の魅力に触れてみたい。そしていつしか、

「キャンピングカーでツアーをする」

そこにたどり着いた。

早くて便利な公共交通機関に乗らず、ビジネスホテルをやめたら、きっと景色が変わる。頭の中だけではなく、体に日本の地図が叩き込まれる。

うん、それがいい。

自分たちで運転しよう。楽器、音響機材、照明、物販、寝具、調理道具、衣装、食料、飲み物。それら全てを1台のキャンピングカーに詰め込んで行くんだ。街から街へ一筆書きで移動したら、点と点が線になった。

そしたらね、変わったんだ。頭の中の日本地図が。素晴らしい出会いと感動、見たこともない絶景が僕らを迎えてくれた。名もなき海岸線から見た夕日が、街道沿いの小さな定食屋さんの料理が、立ち寄った銭湯の前にいたおばちゃんたちの笑い声が。

そして僕はたどり着いた。

キャンピングカーは素晴らしい。

日本は素晴らしい。

この気持ちを君に伝えたい。

この本の執筆にあたり、キャンピングカーと共に人生を謳歌する21人に会いに行った。彼ら、彼女らは、すべからく自分が選ぶ道を、自分のハンドルで切り開く、いわば人生の達人たちだった。

何ものにもとらわれず、自由で、素敵な出会いに満ち溢れた感動の日々。それこそが人生の醍醐味だと僕は考えている。

大切な君にそのことを伝えたい。

さあ、人生にキャンピングカーを。

CONTENTS

A MESSAGE FROM THE VAN

"車が発信するメッセージ"

LIFE STORY: 01

Daichi Suzuki

鈴木大地

MY CAR LIFE
No. 01
Story

初めて免許を取った時のことを覚えている？　僕は明確に覚えている。19歳だった。東京の府中という場所にある運転免許試験場。ドキドキしながら免許を受け取った。これで自由だ。どこへだって行ける。想像は（妄想ともいうべきか）激しく膨らんだ。初めてのドライブはこう。大好きなあの子を乗せて、どこまでも行こう。毛布を詰め込んで、星降る夜に高原へ行くんだ。車を停めて満天の星を見上げたらきっと君が微笑んでくれる。アメリカのロードムービーみたいな世界。そんなことを本気で思っていた。今振り返ると笑っちゃう。実際は父親の車を、

「洗車するからお願い」

そう頼み込んで借り、ドキドキしながらビビりながら近所の幹線道路をただノロノロと走っただけ。それでも憧れていた大人の世界に踏み込んだ気がした。これこそが自由。そしてその時間は永遠に続くと思っていた。

あれからずいぶん経った。親の車を借りていた僕も、仕事で手に入れたお金で自分の車を持つことができた。3年から5年ぐらいで買い替えて、乗り継いだ車はもう何台目だろうか。いつからか車は"僕らを自由に解き放ってくれる魔法の道具"ではなく仕事場への移動手段へと成り下がった。車が変わったのか。それとも僕が変わったのか。車じゃないとすれば、変わったのはきっと僕の方だろう。そんなことを考えていたある日、僕は彼に出会った。

「建築の仕事をしていまして、移動距離の合理化をしたいとずっと思っていました。明日もまた同じ現場にくるのに、往復の時間がもったいなくて」

そう話し始めてくれたのは鈴木大地。メルセデスベンツトランスポーターT1N、通称"ベントラ"をこの上なくクールに改造し、その生活を楽しんでいるバンライファーの第一人者。本業は建設業。住宅を建てたり、リノベーションも手掛けていたりする。仕事の足として、また生活を彩る空間として

この車を実際に日々使っている。

「もともとは大きな車が好きだった。男ですから、キャンピングカーにも憧れがあった。そんな時に知った"バンライフ"という言葉。そして世界。ああ、こんな世界があったんだ」

と。

「キャンピングカーとはまた少し違う世界」

そう鈴木氏は言う。Wikiで調べてみるとこう。

「都市生活や窮屈な毎日から抜け出し、バン1台に必要なモノを詰め込んで自由に生活するというスタイル」

なるほど。アメリカ西海岸をイメージするような音楽が鳴っている。波を追いかけて、海沿いを転々と移動する。楽器を積んであてもない旅を町から町へ。そんなロードムービーに出てくるみたいな世界観。

「若いころはスケートボードが好きだったから、その影響があるのかもしれません」

本業の大工のスキルを生かし、ベントラの内装を自身で制作。必要最小限の内装（この本に登場する他の多くのキャンピングカーとは比べ物にならないぐらいモノが少ない。あえて言うなら“選んでいる”）、そのひとつひとつに凄まじいこだわりを感じさせる。船内に灯りを灯すためのマリーンランプ

離婚がきっかけでした。
独り身になった時に、できることは何だろう、と。

を選んでみたり、水道管をアレンジしたカウンターチェアを配置してみたり、こまかな電気のスイッチにまで、神経を張り巡らせて、トータルコーディネート。見ているだけでため息が出る。どんなきっかけだったんだろうか。

「離婚がきっかけでした。独り身になった時に、できることはなんだろう、と。それがこの生活」

照れ臭そうに笑う鈴木氏だったけれど、いろいろとかかえていたであろうことは想像に難くない。生活を一新したいという思い。ネットで見つけたベントラをすぐに手に入れ（見に行った1軒目のショップにて。最初の車で購入を決意）、内装を作り替えるところから始めた。自分自身で創り出す新しい生活。そしてのめり込み、気がつけば世間の話題になっていった。

「ありがたいことにバンライフのパイオニアと呼ばれたりすることもあります。たまたまですが」

注文も殺到しているという。試しにお願いしたらどのくらいで作っていただけるのだろうか。

「納期的にはなかなか答えにくいですが……1年ぐらいでしょうか」

ふう。やはり人気の職人。なかなか簡単には手に入れられない。その彼に今のモチベーションを聞いてみた。

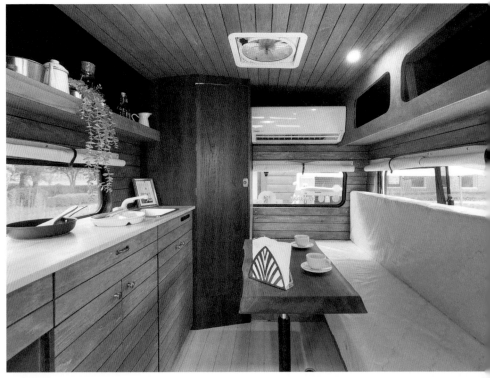

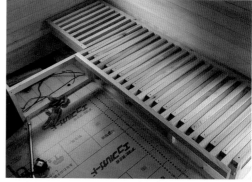

「わけあって娘に会えていません。こういう活動をしている理由は、彼女たちにちゃんと自分は生きているんだ、ということをメッセージとして伝えたいから。飲んだくれているだけじゃなく、こういう車を作り認知されることで形に残り、結果僕の意思を彼女たちに伝えたい。今頑張れているのも彼女たちのお陰です」

鈴木氏の車のナンバーは彼女たちの名前をアレンジした数字になっている。メディアに取り上げられて、いつの日か彼女たちがその数字を見てくれて、その思いに気がついてくれたら嬉しい。そう言って鈴木氏は照れ臭そうに笑った。

鈴木氏との出会い。バンライフというチョイス。そして車が発信するメッセージ。

そうだよね。車ってただの移動手段じゃない。鈴木氏との会話から僕はいろいろなことを思い出した。いつだって車は自由だし、生活だし、メッセージそのもの。A地点からB地点いくための移動手段というだけでなく、AさんからBさんへの想いを伝える大切な手段だ。思いの詰まった最高にクールな"ベントラ"。こんな車に乗って大好きなあの子と星降る夜にふたりで出かけたらいいじゃん。夜空を見上げたら、19歳の僕がそう言ってきた気がした。

"MY CAR"
Q&A

LIFE STORY:01
DAICHI SUZUKI

Q1. お持ちのキャンピングカーは、なんという車ですか?

A. 2003年式「メルセデス・ベンツ トランスポーター T1N」です。

Q2. いつ購入した車で、どのくらいの距離走りましたか?

A. 2018年の7月に購入しました。
当時14万kmで、現在まで5万km程乗っています。

Q3. ぶっちゃけいくらで買ったのですか?

A. 180万円で購入、修理代で180万円程かかってます……ぴえん。

Q4. この車を選んだ理由を教えてください。

A. 金食い虫で有名な車ですが、自分は大丈夫だろうと安易な考えでした。結果金食い虫でした。
車種としては一目惚れで、今でも大好きです。

Q5. 自慢のポイントを教えてください。

A. よく驚かれるのですが燃費いいです。リッター10kmは走ります。ディーゼルターボでトルクもよくガンガン走ります。

Q6. このキャンピングカーは何台目ですか？

A. 初婚です。

Q7. 一番大好きな宿泊ポイントを教えてください。

A. 表参道のコインパーキングです。最近はどうかわかりませんが夜間だとあの立地で400円で停められます。

Q8. あなたにとってキャンピングカーとは？

A. 自分を表現してくれる大事なパートナーです。

LIFE WITH A VAN

"バンのある生活"

LIFE STORY: 02

YURIE

突然ですが、インスタグラム使っていますか？ 僕は使って
います。自分の好きなことを発信したり、興味ある人を覗
いてみたり。ちょっとした時間を楽しく彩ってくれる。イン
スタグラムはいわば自分が編集長となって作るデジタル雑誌。コンテンツは
フォローする人が投稿する写真たち。選び方ひとつでその内容は人それぞ
れまったく変わる。世界にひとつとして同じものがない、いわばカスタムメ
イドの雑誌だ。僕のタイムラインには大好きなサッカー選手の写真と本業の
音楽にまつわるエトセトラ。そしてキャンピングカーたちが並んでいる。眺
めるだけで情報も入るし、ライフスタイルも学べる。便利な世の中だ。その
タイムラインで一際輝いていたのが彼女。YURIE。男性中心（統計をとった
わけではないけれど、実感として）のこのキャンピングカー社会において、
彼女の投稿は一際異彩を放っていた（※）。バンライフを中心とした写真の
数々。実にカラフルで光って見えた。

早くやらなきゃ。ずっとそう思っていました。
初めて見に行ったお店ですぐに決めました。

「キャンプが大好きです。もともとやっていたインスタですが、キャンプには
まってそれらの写真をアップし続けていたら、フォロワーがどんどん増えて
いきました。いつしかキャンプ関連のお仕事がインスタグラム経由でくるよ
うにもなった」
元はキャンプが大好きなOLさん。週末になれば、毎週のようにアウトドア
へと通う日々。平日には通常のお仕事。そしてそれに加えてインフルエン
サーとしてのインスタグラム更新。フォロワーが増えるにつれて彼女の生活

※彼女の投稿は一際異彩を放っていた

大好きな自然と触れ合うためアウトドア×遊び＝ソトアソビを中心にアクティブに過ごす。キャンプや登山などの他、DIYアイテムや女子旅、料理、オススメ雑貨の写真をInstagram「@yuriexx67」で発信中。
https://www.instagram.com/yuriexx67/

は変化した。気がつけば、その忙しさで山に、海に行けない。

「SNSで他人のキャンプや車旅を見ているうちに、いてもたってもいられなくなりました。自分もキャンプができる車を手に入れて出かけたい。キャンプ道具だって入れっぱなしでいいし、思いたったらすぐ旅ができる。そんな車」

B型でやりたいと思ったらすぐ行動するタイプだとYURIEさんは言う。まったく悩むことなく、見に行った中古車屋さんで出会ったこの車を即購入。そこから彼女のDIYバンライフが始まった。

「早くやらなきゃ。ずっとそう思っていました。初めて見に行ったお店ですぐに決めました。もちろん予算が沢山あるわけではなかったです。車検込みで50万円。四駆、という理由と丸みがあるレトロな感じがよくて。窓があったので、カーテンをつけたら可愛くなるかな、なんて」

内装を自分でとっぱらいクリーニングするところから始めた彼女。床を外したらヘドロが詰まっていて大変だったと笑いながら言う。それでもDIYが楽しくて仕方がなかった。

「好きなものを集めていったらこうなった感じです。古着だったり、70年代のカリフォルニアみたいなフィーリング。本当は全塗装したかったけれど、20万円ぐらいすると言われ、断念。だから自分でスプレーしました。このライン。2千円ぐらいでできましたよ」

車の名前は太陽と海をイメージしてサンシー号と決めた。ナンバーも34。トレードマークになっている車体を走るラインはもはや彼女の代名詞。雑誌の表紙も飾るアイコンとなった。そして本格的にバンライファーとして生活をシフト。車を手に入れてから約1年後、勤めていた会社を辞めて現在に至る。この車での旅、本当に楽しそう。

「この車と出会って、国内旅行がさらに好きになりました。思い出深い旅としては北海道。なんていうか冒険感が凄い。地名もカタカナで可愛いし、ゲームの中にいるみたい。もちろんご飯や温泉もいいし。予定を何も決めないで、好きな時間に好きな場所へ。自由に移動できるからそれが最高」旦那さんとふたりでの旅。ルールは"助手席に座った方が行き先を決める"。オートキャンプ場であれば車内で、そうでなければテントを出してふたりで眠る。予定を決めず、思った方向へ。悪天が近づけば、目的地を変えて、雨をよけて進めばいい、そう彼女は言った。DIYし、自分で育てた車で、大好きな人と自由な旅。フォロワーが増えるのもよくわかる。洗練され使い込ま

れた道具たちと雰囲気のよい内装。SNSの写真、本当にいいんだなあ。自分でできることは自分で。そして素人では難しい作業は一部プロフェッショナルの力を借りて（この本でもピックアップさせてもらったバンライファーで大工の鈴木大地氏がヘルプした）この車は日々進化している。今後の目標はあるのだろうか。

「この車を一生大事に乗ってゆきたい。でも2号も作りたい。ノリを大切に、自由に生きてゆきたい。今欲しいものはと聞かれたら、丸ノコと答えます。サンシー号を直したりしているうちにDIYがもっと好きになった。自宅庭にあるテーブルと椅子も私が作りましたよ」

サンシー号と出会って、彼女は様々なものを手に入れた。仕事もそうだし、キャンプと向き合うための時間もそう。驚いたのは生活の拠点を東京の都心部から千葉県の郊外へ移したこと。バンライフがきっかけでまさにDIYを楽しむためのログハウス生活もスタート。ライフスタイルの変化、そのきっかけがキャンピングカーって本当に素晴らしい。

そして思う。キャンピングカーやバンライフはやっぱり人生を豊かにする、と。彼女はまさに自由そのものだ。こんな女性が沢山増えてくれたらいいのに。キャンピングカー同士が公道ですれ違う時、手をあげて挨拶することがよくあるが、それが彼女みたいなキラキラしている女性だったら楽しいじゃん。RVパークで隣に並ぶキャンピングカーが女性的でおしゃれだったらそれもまたいいでしょ。そしたら僕だって呼ばれてないのにギターを持ち出して即興のライブぐらいしちゃうかも。その写真を彼女がインスタグラムにアップしてくれたらいいな。彼女をフォローしている沢山の若い女性の皆様へ。キャンピングカーライフってこんなに自由でいいんだぜ、なんてメッセージ。最高でしょ。

"MY CAR"
Q&A

LIFE STORY:02
YURIE

Q1. お持ちのキャンピングカーは、なんという車ですか?

A. 日産・バネットの2010(平成22)年式です。

Q2. いつ購入した車で、どのくらいの距離走りましたか?

A. 2017年の夏に購入しました。もうすぐ4年になりますが、もうずっと一緒な気持ちになるくらい思い出が沢山。14万kmで買って当初は20万kmくらい走ればいいかと思いましたが、今は21万kmオーバーです。故障はしたことがなく、今も元気いっぱい。大事にメンテナンスして乗っていきたい。

Q3. ぶっちゃけいくらで買ったのですか?

A. 車検込みで50万円でした。

Q4. この車を選んだ理由を教えてください。

A. 見に行くだけの予定が、ビビビっときて。あぁ、この車だと思いました (笑)。予算内で、見た目も丸みがありレトロで可愛い。スモークガラスではない窓は、車から景色を見るのにピッタリだと思いました。四駆でサイズ感も大き過ぎず小さ過ぎず、ふたりで寝て暮らして移動するのにはちょうどよいサイズだと思いました。

Q5. 自慢のポイントを教えてください。

A. 可愛くてタフです。
チャームポイントは自分でスプレーしたライン。世界で1台だけです (笑)。そして10秒でセッティングできるリビングスペースも自慢! 撤収も素早くできます。

Q6. このキャンピングカーは何台目ですか?

A. 初めてです!

Q7. 一番大好きな宿泊ポイントを教えてください。

A. 同じ場所よりも、行ったところのない場所に行くのが好きなので、一番があまりないのですが。特に記憶に残っているのは大分県の久住高原にある「ボイボイキャンプ場」です。久住連山が一望でき開放感があって、遠くまで自走してきたこともあり、とにかく気持ちよかったです。居心地よくて2泊しました。近くに温泉あり、美味しい湧き水あり!

■**ボイボイキャンプ場** http://boiboicamp.kuju-kogen.com/

Q8. あなたにとってキャンピングカーとは?

A. 家族のように大切な存在。

TODAY IS THE FIRST DAY OF THE REST OF YOUR LIFE

"今日という日は残りの人生の最初の日である"

LIFE STORY: 03

KENNY（SPiCYSOL）

子供のころ、大好きだったトム・ソーヤの冒険。いたずらの天才トムと友人ハックらがおりなす冒険の日々を描いた物語。近所の川や公園に遊びに行くのだって気分はいつもトムだった。本当によく読んだ。彼らみたいに遊んで、彼らみたいに笑っていた僕の幼少期。懐かしい。

大人になった今でもこの本の影響が少なからずあるのかな。なぜなら作者であるマーク・トウェインの言葉、

「やったことは、たとえ失敗しても、20年後には、笑い話にできる。しかし、やらなかったことは、20年後には、後悔するだけだ」

これがいつも僕の胸の中にあるから。

やならかったことで後悔していること。君は何かありますか。僕は沢山あります。挑戦しなかったこと。想いを伝えられなかったこと。勇気が出なかったこと。それらを思い出すたびにマーク・トウェインのこの言葉が胸を突く。

久しぶりにKENNY（※1）と会った。海と仲間と音楽を愛するバンドマン。自慢の車に乗って登場。彼の車にまつわる話を聞いて、僕は後悔した。なんで僕はあのころ飛び出すことができなかったのだろう、と。

. . . .

※1 KENNY

「The Surf Beat Music」を掲げ、Rock、レゲエ、R&B など様々なジャンルの要素が入り混じった新しいサウンドに、心に染みるメロウな歌声でメロディを紡ぐ4人組バンド『SPiCYSOL（スパイシーソル）』のボーカル。全楽曲の作詞作曲を手がける他、アート・イラストを中心とした作品制作にも取り組んでいる。
SPiCYSOL https://spicysol.com/

「映画が大好きで、日々よく見ます。ミュージシャンを選んだのも映画みたいな日々を送りたくて。ある日、たまたま"シェフ"という映画（※2）を観ました。一流レストランの元総料理長がフードトラックに乗ってアメリカ横断の旅をする話。それにめちゃくちゃ感銘を受けた」

わかる。それ僕も観た。ウキウキする。あんな旅、最高。

「その映画を観た翌日に出会った男友達がいた。そいつも"シェフ"に感銘を受けていて、フードトラックやりたいよね！　あんなの最高だよね、となった」

一気に話は盛り上がり意気投合。お酒を飲んで酔っ払い、その酔いが冷めない頭のまま、ネットで調べ始めた。フードトラック。スクールバスを改造するといいのか。なるほど。検索を続けるとそれは名古屋にあるらしい。どうする。行くか。そこからも早かった。

その翌日（行動早いな）、検索で引っかかったバスを見に行くために、軽自動車に男ばかり4人で乗り込んで、東京から一路、名古屋へ。うなりを上げ続けるエンジン。そして現地で運命の出会い。

「これだ」

金額は諸費用込みで230万円。それを爽やかに4等分。一人あたま50万円ちょっとの冒険で、このバスを手に入れた。ビジュアル最高。購入までの決断、物語も含めて、ドラマだ。

・・

※2 "シェフ"という映画
映画『シェフ 三ツ星フードトラック始めました』
『アイアンマン』シリーズのジョン・ファブロー が製作・監督・脚本・主演の4役を務め、フードトラックの移動販売を始めた一流レストランの元 総料理長のアメリカ横断の旅を描いたハートフルコメディ。

「シボレーのバンディーラがベースになっていて、実際にアメリカでスクール
バスとして使われていた車です。それを現地のバンライファーたちが改造
し、使っていたとのことでした。だから椅子などは既に取っ払われていた。
走行距離などはメーターが壊れていてわからなかったけれど気になりません
でした。DIYで自分たち好みにしよう。仲間とこれを育てていくことを考え
ただけでワクワクしました」

勢いに任せて仲間と東京から名古屋へ。そして手に入れたスクールバス。
青春そのもの。問題はなかったのだろうか。

「当初の目論見はフードトラックでした。買ってから調べ始めたんですが、
実は日本の法律には細かいことが沢山あるんです。いろいろと調べている
うちに、気がつきました。これは無理だ、と」

飲食を提供する移動販売車は取り扱う商品の品目や販売形式に合わせて改
造する必要がある。盛りつけのスペースを設けなければいけない。具材を
保存する冷蔵庫も必須。温めが必要であれば、コンロやトースターも。費
用もそれらに応じて必要となる。勢いで手に入れたけれど、きっぱりそれを
諦めた。

フードトラックにすることを諦めて、この車をみんなで使えるキャンピングカーとすることに決めました。

「フードトラックにすることを諦めて、この車をみんなで使えるキャンピングカーとすることに決めました。僕は自分のバンドのツアーで使わせてもらったりしています。みんなサーフィンが好きなので、日々これに板を放り込んで海に行っていますよ」

アメリカのスクールバスにボードを積んで波乗りへ。ポイントの目の前にこんな車があったら、絶対に目立つ。

「本当に沢山声をかけられます。この車のお陰。サーフカルチャーの人たちはフレンドリーな人が多いから。年上の人たちにも、攻めてるねえ!と可愛がられたりしていますね」

このサイズなので、車内で立って着替えられる。車のお陰で人と繋がる。メリットだらけのこの車。いいね。

「もちろんデメリットもあります。まずガソリンを食う。大飯食らい。あっという間にからっぽになる。まあそれは仕方ないです。あとは機嫌もすぐに損ねます。古い車ですから。初日の出を見に行こう、と集合して、出発しようとしたらエンジンがかからない。結局スタートしないまま、年を越してしまった」

笑いながら話しているが、きっとその時は雰囲気悪くなったのかな。でもそんな車だからこそ、愛着も湧くのかも。

「今やりたいことはこの車を使って、沢山の人に楽しんでもらいたい。屋根に登れるので、この上をステージとしてライブとか。諦めていたフードトラックですが、どうにかして、フードとドリンクも出して、イベントをやりたい。とにかく皆さんに喜んでもらえるような使い方、したいです」

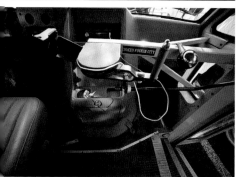

KENNYの楽しそうな話を聞いて僕はまた思う。そう、これ。こういうの、やりたかったんだ。かっこいい、楽しそう。それを仲間と勢いで挑戦。映画みたいな世界にどっぷり振り切る。それを。

まだ独身で20代だったころ、僕はキャンピングカーに住みたいとずっと思っていた。車に乗って旅をして、知らない街をまわって、誰もやっていないような暮らしをするんだ。結局それは、お金もないし知恵もなく、何より踏み出す勇気がなかったので断念した。今思えば、言っているだけで、行動は何もしてなかった。本気を出せば、できたはずなのに。
もしあのころ、KENNYと偶然出会っていたなら、
「僕もそのメンバーに入れてくれ」
そう言ったに違いない。

これが僕のやらなかったことで後悔していること。マーク・トウェインの言葉が胸を今日も痛める。でも切り替えるしかないよね。振り返ってばかりじゃ進めないし、バックミラーに未来はない。
最後にもうふたつ、僕の好きな言葉を。

「ぐずぐずしている間に人生は一気に過ぎ去っていく」

セネカ(ローマ帝国時代の哲学者・詩人)

「今日という日は、残りの人生の最初の日である」

チャールズ・デートリッヒ(アメリカの薬物中毒救済施設"シナノン"設立者)

"MY CAR"
Q&A

LIFE STORY:03
KENNY(SPiCYSOL)

Q1. お持ちのキャンピングカーは、なんという車ですか？

A. 「Chevrolet/SchoolBus」
中古で購入し、中をバンライフ仕様に改装しました。

Q2. いつ購入した車で、どのくらいの距離走りましたか？

A. 2018年夏に購入しました。メーター故障のため、走行距離は不明です。

Q3. ぶっちゃけいくらで買ったのですか？

A. 本体200万円ほどで、乗り出しで230万円くらいだったと思います。

Q4. この車を選んだ理由を教えてください。

A. 一目惚れです。海外のバンライフに憧れてたのと、フードトラックをやってみたいというのもあって、両方のポテンシャルがあるこの車にしました。

Q5. 自慢のポイントを教えてください。

A. サーフトリップにぴったり。ロングボードも余裕で入るし、サイドのドアが大きくてボードの出し入れも楽。あと車内でも立って着替えられたり、車上にデッキを搭載してるのでアフターサーフはそこで日向ぼっこや昼寝できたりと、かなりサーファーライクな車です!

Q6. このキャンピングカーは何台目ですか?

A. 一台目です! 別で今バンドでシェビーバンを購入しバンライフ仕様に改造するところをYouTubeで番組にしてアップしてるので、そちらもチェック宜しくお願いします! w

【SPiCYSOL CHANNEL】https://www.youtube.com/c/SPiCYSOLchannel/

Q7. 一番大好きな宿泊ポイントを教えてください。

A. 日頃からお世話になっている和歌山のアウトドアショップOrangeさんが所有しているプライベートキャンプサイトがあるのですが、いい意味で手つかずで野生的なサイトで気に入っています。今のところ野生の鹿の出現率100パーセントです! w

---

Q8. あなたにとってキャンピングカーとは?

A. 人との繋がりや趣味を広げてくれて、音楽のイマジネーションにも凄く刺激を与えてくれる乗り物以上の存在、そしてツールです。

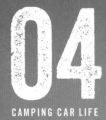

04

CAMPING CAR LIFE

A CAMPER SAVES JAPAN

"日本を救うキャンピングカー"

LIFE STORY: 04

Shin Saiba

さいば☆しん

最新のキャンピングカー事情。様々な種類がある。カタログやサイトで写真を見ているだけでため息が出る。

ハイエースなどのバンを改造して車中泊をできるようにした"バンコン"。トラックなどをベースにキャビン部分を取りつけた"キャブコン"。取りまわしも便利な軽のワゴンやトラックを改造した"軽キャンパー"。マイクロバスをベースにしたバスコン（僕がツアーで使っていたタイプ）。一般車に連結して使う"トレーラー"。

細かく分けるとさらにいろいろとあるけれど、大まかに分けるとこんな感じ。用途に合わせて、また使用する人数や間柄によっても選ぶ基準が変わってくる。奇跡の1台と巡り会い、ずっとそれと寄り添う人もいれば、家族の成長やライフスタイルの変化に合わせて乗り換える人もいる。

「この車で6台目となります。キャンピングカーに乗って20余年が経ちました」

答えてくれた人。さいば☆しん。豊富な経験を持ち、この素晴らしい"くるま旅"の世界を広めようと奮闘するキャンピングカー乗りの一人。

「デビューはキャブコンでした。グローバルコンボ2。コンパクトで取りまわしがよかった。ライトキャブコンという雰囲気でしたね。ベースはライトエース。トイレもシャワーもボイラーもつけていて、小さかったけれどフル装備で頼もしかった。当時は道の駅も整備されてなかったから全てが必要でした」

道の駅は安全に旅をするために、また地域に根ざした個性を伝えるために整備された旅人たちに愛される今じゃお馴染みの施設。1991年に実験的に始まり、その2年後に正式登録された。現在は全国に約1180箇所あり、旅人のために休憩場所を提供し、地域の魅力を伝えている。

「道の駅もそうだけれど、日帰り温泉も、そのころはあまりなかった。だからシャワーは絶対に必要だった」

インフラが整備されて、世の中が変わる。旅のスタイルも同じように変わる。そして6台も乗り継げば、いろいろと見えてくる。譲れないものは残し、必要のないものは削ぎ落とす。そしてたどり着いたのがこの車。

「ハイエーストラックベース（カムロード）のキャブコン。ミスティック アンセイエ。日本にきっと20台ぐらいしかないでしょう。多くのキャブコンのシェル部分の素材はFRPですが、これはアルミサイディング。アメリカなデザインで少しレトロな雰囲気が好きで選びました。トイレとシャワーはつけま

キャンピングカーさえあれば、どこだって行ける。
泊まれる。楽しめるということです。

せんでした。わざわざシャワーを狭い車内で浴びなくても、温泉に行けばいい。今じゃどこにでも日帰り温泉がありますからね」

個性の塊みたいな風貌。特大のバンクベッドを備えたこの車がさいば氏がたどり着いた答え。この車に乗り旅を続けながら、彼はもくろんでいる。それは、

「キャンピングカーの社会的意義を広めたいんです。だって完璧じゃないですか、キャンピングカーって」

勤めていた会社を退職（SONYでアイボの開発にたずさわっていた。わお！）。会社員時代から趣味で乗っていたキャンピングカーが好き過ぎて、気がつけばその魅力を伝えるための活動に従事。フリーとなって、漫画やコラムを書くようになった。今ではYouTubeまでも使って発信を続けている（※）。

「たとえばですよ、昔栄えた観光地があるとします。そこへたどり着くためのローカル線が廃止になり、ホテルが潰れ廃墟になったとします。でもそこの景色はあいかわらず素晴らしい。行きたいですよね。泊まりたいですよね。キャンピングカーならそれが可能。実は、日本は先進国の中で、面積あたりの道路の長さが1位なんです。ある意、狭い国土に毛細血管のごとく道が張り巡らされている。キャンピングカーさえあれば、どこだって行ける。泊まれる。楽しめるということです」

空き地があれば泊まれるキャンピングカー（マナーとルールは守ってね）。人が集まって泊まるようになれば、お金を落とすようになる。日帰りと宿泊だと旅行単価が単純に1日あたり3万円は変わる。ローカル交通が衰退したところでもキャンピングカーによって血の巡りがよくなり、日本が元気になる。

「日本こそキャンピングカーをうまく使うべき。日本こそ乗るべき場所。いまこそディスカバージャパンです」

旅大国日本の復活を願い、キャンピングカーを走らせるさいば氏。今日も文章で、漫画で、そしてYouTubeの画面でその魅力を伝えている。最新の動画では、

「スマートフォンと連携してどれだけ便利に、快適に旅をできるか」

それをテーマに発信していた。さすがアイボ開発にたずさわっていた人だ。より便利に快適に。常にキャンピングカーの未来を想像しながら、楽しみながら旅をしている。もしかしたら次に乗り換えるキャンピングカーは自動運転がついて、会話ができて、失われた日本の絶景を教えてくれる優れものかもしれない。カタログにそんな素敵な日本を救うキャンピングカーが登場したらいいな。いつだろね、その日は。ウキウキしながら待ちましょう。

※YouTubeまでも使って発信を続けている

『キャンピングカー DEさいばーチャンネル』

「ソニー早期退職してキャンピングカーで生きる！ 愛車のリチウム・アンセイエ大公開！ 早期退職して、失業状態になった時、助けてくれたのが、長年乗ってきたキャンピングカー だった！ 今は、その恩返し！ 日本のキャンカー乗りの為に頑張るぞ！」

https://www.youtube.com/channel/UCHmis6t26HWH9-fSpPSM6mw

"MY CAR"
Q&A

LIFE STORY:04
SHIN SAIBA

Q1. お持ちのキャンピングカーは、なんという車ですか?

A. ミスティックの「Anseie (アンセイエ)」です。俗にいうキャブコンで、新車で購入しました。私にとっては愛してやまないキャンピングカーであり、大切な防妻シェルターです。

Q2. いつ購入した車で、どのくらいの距離走りましたか?

A. 2017年末に購入、現在3年半弱で約6万kmちょっと走っています。RVパークを担当していた時よりは走っていません。大切にしているので、まだピッカピカです。

Q3. ぶっちゃけいくらで買ったのですか?

A. 新車購入で、全部で約800万円。エアコンやFFヒーター、足まわりは、ショックにスタビにエアサスもつけています。ソーラーは320W、一昨年、約50万円かけて、リチウム電池400HAを搭載しました。

Q4. この車を選んだ理由を教えてください。

A. 遠目で見ても、一目でわかる唯一無二のデザイン。軽い車体。スペースファクターのいい構造。再生可能なアルミサイディングでエコにも優しい。ガンコ社長のこだわりの逸品。

Q5. 自慢のポイントを教えてください。

A. グッドデザイン賞受賞の唯一無二のデザイン。旅先で声をかけられることも。エンブレムを見なくても、アンセイエだと一発で分かるのも自慢。

Q6. このキャンピングカーは何台目ですか？

A. 6台目です。その時その時でライフスタイルが変化するので、キャンピングカーもそれに合わせました。

Q7. 一番大好きな宿泊ポイントを教えてください。

A. 自分が担当したRVパークがみんな好きです。行くだけでも楽しいところや、素敵なオーナーがいるところ、命の洗濯に行くところ。それぞれ良いところがあって、みんな好きなので、一番好きなところはありません。

Q8. あなたにとってキャンピングカーとは？

A. タイムマシンです。「好きな時に好きなところに行ける」、または、ドラえもんの「どこでもドア」です。

HOW TO MAKE YOUR DREAMS COME TRUE

"夢の叶え方"

Satoshi Ichimura

市村哲

キャンピングカーを持つのが夢。きっとこの本を読んでいる人の中にも、そんな人いるよね。たしかに1台1千万を超えてくる豪華な車体もあるので、それは確実に夢レベル。

そんな車を所有するには実際に何かで成功しなくては難しい。でも僕は知っている。キャンピングカーを所有する方法を。つまり"夢の叶え方"を。そんなこと書くと、なんかスピリチュアルな方向へ傾きだしたな、ガクエムシー！なんて思われるかもしれないが、実際そうだと僕は思うから。

夢の叶え方。それはつまり、

「流れ星を見たら3回願いを唱えること」

だと。

古くから僕らの住む街で言われ続けているコレ。コレこそが正解だと僕は本気で思っている。夢を叶えた全ての人が流れ星を見て、なりたいもの、欲しいものを唱えたと僕は断言する。

「いいな、と思ってからずっと。1年間調べ上げてそして手に入れました」

市村哲は大学教授。コンパクトなキャブコンに乗って今年で10年。趣味に仕事にその車を使っている。出会った最初の印象は実直で優しい大学の先生。そして話を聞いて思った。先生の人柄そのもののキャンピングカーライフ。実直で堅実。そしてまっすぐ。

「それまではほとんど趣味らしいもの、ありませんでした。キャンピングカーが心のドアを開いてくれた、という感じでしょうか。登山に目覚めて尾瀬や中央アルプスへ行くようになりました。また日本全国をまわる旅にも行きました」

悩み抜いて選んだキャブコンに乗って、文字通り心のドアを開けて飛び出した市村教授。キャンピングカーを通して仲間ができた。山に登るようになった。キャンプ料理を覚え、昼ごはんは必ず自炊。

「計画なしで旅に行ける。自由。それが魅力です。車に水だけ積んで、必要な分だけの現金があれば、予約なしでどこへでも行ける」

そして気がつけば10年間。同じ車を乗り続けて現在に至る。この本の執筆にあたり本当に沢山のキャンピングカー乗りに出会ったが、10年間同じ1台の車に乗り続けていたのは彼ひとり。デメリットや問題はなかったのだろうか。

「いろいろ考えたけれどデメリットはまったくない。旅にも使えるし、通勤にだって使っている。初めは知識がなかったキャンピングカー生活だけれど、いろいろな方々のブログから多くを学んでそれを取り入れた。車部分の細かい故障は何度かあるが、それもたいしたことではなかった。居住部分のトラブルに関しては一切ございません。十年間で16万km走りましたが、あと10年ぐらいは乗ろうと考えています」

約400万円で手に入れた新車のキャブコン。通勤と趣味の両方で使用。時にひとりで、時に家族で日本を走り、山を駆け巡り、自由を満喫。Googleマップに残った記録を見ればこの10年間でキャンピングカーに640泊。宿泊のことだけで単純計算してみる。1泊1万円想定で640万円。家族で泊まることもあるわけだから実際はもっとかかるよね。それに車がついてくるわけだから、そう想像したらもう完全に車体価格の元は取れている。こんな実直な使い方している人、なかなかいない。

家を買っても人生は変わりませんが、
キャンピングカーを買うとそれは大きく変わります。

「家を買っても人生は変わりませんが、キャンピングカーを買うとそれは大きく変わります」

持ち家か、賃貸か。そんな悩みを持つ人も多いと思うが結局どちらに住んでもそんなに人生は変わらない。だけどキャンピングカーを手にすると、行動範囲と人間関係が凄まじく変わりますよ、と笑いながら彼は言った。

「まだまだこの生活を楽しみます」

キャンピングカーを手にして夢の生活を手に入れた市村氏。手に入れる前も手に入れてからも、ずっとその願いを、やりたいこと、見たい景色、会いたい人々の顔を思い浮かべている。

「流れ星をみたら三回、願いを唱えるといい。それが出来たなら絶対夢は叶う」

これは市村氏がキャンピングカーを手に入れたタイミングと同じ時期に僕が書いた"夢の叶え方"という歌の一節。夢の実現とは、流れ星が流れるその一瞬で3回希望を唱えることができるぐらい常に考えている必要がある。それが可能な人のみが具体的に夢を実現できる。そんな想いを込めたラップ。寝ても覚めても思い続けること。それが夢を叶える最大のコツで法則。スポーツで成功する人のように、ビジネスで大成する人のように、夢を叶えた大学教授が目を輝かして僕にそう教えてくれた。

"MY CAR" Q&A

LIFE STORY:05
SATOSHI ICHIMURA

Q1. お持ちのキャンピングカーは、なんという車ですか?

A. ネオユーロ(かーいんてりあ高橋)です。

http://car-taka.com/neoeuro/

Q2. いつ購入した車で、どのくらいの距離走りましたか?

A. 新車で購入し、2010年の9月に納車。現在10年と半年で、約16万km、車中泊回数約650回です。走行、居住共に好調です。

Q3. ぶっちゃけいくらで買ったのですか?

A. FFヒーター、30L冷蔵庫、マックスFAN、アクリル小窓、太陽光パネル、ツインバッテリー、サイクルキャリアを追加して、税込みで450万円強だったと思います。

Q4. この車を選んだ理由を教えてください。

A. 家族4名が就寝できる。トイレルーム（マルチルーム）がある。燃費がよく、走行に問題がない。通勤にも使えるあまり大きくないサイズにする。

Q5. 自慢のポイントを教えてください。

A. 燃費がいいです（高速90km/hなら13km/L）。小さいのに居住性がよく、中で6、7人の宴会もできます。

Q6. このキャンピングカーは何台目ですか？

A. 一台目です。そのまえはミニバン（下取り価格は忘れました）に乗っていました。

Q7. 一番大好きな宿泊ポイントを教えてください。

A. 全国にある「登山者駐車場」を上手く使うと夏の暑い日でも涼しく過ごせます。霧多布岬、朱鞠内湖など北海道のキャンプ場はロケーションもよく、無料または安いのでお気に入りです。

Q8. あなたにとってキャンピングカーとは？

A. 買って人生が変わりました。
趣味、友達を作ることができる大切な宝となりました。

「旅の第一歩 」 The first step on the journey

BY GAKU-MC

僕の経験を話そう。

初めてキャンピングカーを運転したのは33歳の時。とある女性を誘って約1週間、九州を巡った。キャンピングカーを選んだ理由は様々あるが、そのひとつに、

「なんか人と違うこと、したい」

それが大きかった気がする。

当時の僕は福岡のCROSS FMというラジオステーションでレギュラー番組を持っていた。放送は週に1回。2週間に一度、福岡の放送局へ飛行機で赴き、生放送をする。そして放送終了後、翌週分を収録し、泊まって翌日帰

る。こんな生活を2年間続けた。その間、様々なホテルに泊まった。高級な
ところから出張者向けのビジネスホテル。時に旅人が止まるようなゲストハ
ウスも。いろいろと試した感想はこう。

「高級なホテル、僕にはあんまり意味がない」

今から比べると随分若かったのもあるし、どうせ夜中まで飲み歩いて、部屋に
帰ったら眠るだけ。そんなサイクルならば必要ないよね。うん、もったいない。
今思うと当時の僕は少々そのホテル暮らしに飽きていたのかもしれない。
そんな時にふと思いついたアイデアがキャンピングカー。なんか自由だ。
みたいな軽いノリ。

すぐに調べた。福岡空港から乗り出せるキャンピングカーレンタルがあるこ
とを知った。それはレンタカーを借りて、少しいいクラスのホテルに泊まる
ぐらいの値段で借りられる。免許は普通免許でOK。いてもたってもいられ
ず、すぐに予定を決めて実行に移した。

初めてハンドルを握った時のことを今も鮮明に覚えている。自身が所有す
る車とは逆の、左ハンドルだったことも大きい。緊張で手に大汗をかいた。
信じられないぐらい大きな車体。居住部分があるため、まったく見えない
バックミラー。迫り出して距離のあるサイドミラーは実にやっかいで、車幅
を認識するまで軽く30分はかかった（走り出してすぐに対向車にミラーをぶ
つけて平謝りもしたっけ）。それでも一時間を過ぎて高速をこれ以上ない低
速で走っているうちにだんだんと慣れてきた。隣で笑う女性に緊張をばれ
ないようにするのも一苦労だった。

「運転席が普通車よりも高い位置にあるからめちゃくちゃ運転しやすいよ」
そんな背伸びした発言もたしか、したはず。

九州は僕が住む東京と比べたら随分と道が広い。そして走る人たちも穏や
か。高速網も発達していて近県へのアクセスが便利。まだスマホなんかな

い時代だったけれど、事前に調べ上げたメモとカーナビ、そして持参したＡ４サイズの地図を駆使して、僕らは順調に進んだ。

福岡から大分。湯布院で温泉に入り、一旦戻って佐賀を抜けて長崎。フェリーを使って熊本天草へ。散々泊まったホテルたちにはない冒険感がそこにあった。星降る夜、名も知らない漁港や景色のよい駐車場に停めた。食事は地元のスーパーで買った食材を毎晩調理した。満天の星の下で、お気に入りの音楽をカーステレオで沢山かけて（自分の曲ではなかったよ）、ビールを飲んだ。星を見上げ、沢山話をして、そして寝袋で眠った。ドキドキ感がたまらなかった。朝起きると波の音。そこで飲んだインスタントコーヒーはそれまで飲んだどんなコーヒーよりも美味かった。

キャンピングカーのいいところを十分に味わって、その旅は無事終わった。こすったミラーもおとがめなしでホッとした。ガイドブックにのっているお決まりのコースじゃなくたって旅ができる。これこそが自由。偉そうに、

「キャンピングカー最高でしょ」

そう助手席で笑う人にドヤ顔で言ってみたりした。たしかにその旅は成功し、キャンピングカーはそれから僕の人生に豊かな景色を今も見せ続けてくれている。そしてその時、助手席に乗っていた女性は、今僕の妻となり、今日も隣で笑っている。

06

CAMPING CAR LIFE

THE THREE AMIGOS

"最強の３人組"

LIFE STORY: 06

Miki Tezuka / Masaru Nozue / Hideki Sato

手塚美希 / 野末勝 / 佐藤秀樹

No.06
MY CAR LIFE
Story

キャンピングカーは何も大富豪だけのモノではない。中古車を購入して素敵にリノベーションして使っている YURIE さんみたいな若い女性もいるし、同じキャンピングカーを 10年間、大切に乗っている大学教授の市村氏を見れば、それがよくわかる。イメージの問題かもしれないが、覗いてみれば実に"普通"。"普通"（普通ってなんなんだ! と自分でもよく言ったりしているが、本当にそんな言葉がピッタリとくる）な人々が"普通"に使っている。それがキャンピングカー。選ばれた人たちだけの世界では絶対ないよ。君もぜひ覗いてごらん。知ら

ないだけで実に素敵な世界があるんだ。一歩踏み出してみたら誰にだって
できるんだ。僕はそう思っている。いた。この人たちに会うまでは。
"普通"じゃない人。沢山のキャンピングカー乗りとこの本の制作を通して出
会ったが、この人たちは別。絶対に"普通"じゃない。モンスター。話を聞い
ているだけで、違う世界過ぎて笑いが止まらなかった。一言でいうと最高。
手塚美希。ウィネベーゴ・ペクトラ34フィートスライドアウト。野末勝。ウィネ
ベーゴ・サンクルーザー 34フィートスライドアウト。佐藤秀樹。トリプルイー・
リージェンシー。この三台。圧倒的に大きくて、キャラがあって、"圧"が凄い。

ウィネベーゴ・ベクトラ34フィートスライドアウト

ウィネベーゴ・サンクルーザー 34フィートスライドアウト

トリプルイー・リージェンシー

※1 クラスAというタイプになります

キャンピングカーにはA、B、Cの3つのクラスがあり、最も
大きいものがクラスA。専用のベアシャシーにキャビンの全
てを架装メーカー（ビルダー）が製造したもので、サイズ・
価格とも各メーカーのトップに位置するモデルが多い。フル
コンバージョン、通称「フルコン」と呼ばれることも。

こんな車と道ですれちがったらあまりの存在感に腰が引けるかもしれない。

「クラスAというタイプになります（※1）。スライドアウトとは停車時、居住
部分が横にスライドして現れるタイプのもの。空間が広く使えるのでとても
いいですよ」

冗談抜きで家族5人が住めるサイズ。運転席があるお陰で辛うじて車内、
と思えるが、後ろだけ見たらマンションの一室だ。僕が生まれて初めてひと
り暮らしした東中野のアパートより余裕で広いし、何より造りが素敵。シャ
ワーとトイレはセパレート。独立したベッドルーム。本当に暮らせる。

「僕はここで寝ています。この車に乗り換えて4年ですが、その間1回も自宅で寝ていない。家でご飯を食べて、就寝となったら、庭のガレージへ。外部電源をつないでいるから車内は空調も効いているし、冷蔵庫もあります。おやすみ、と言って自分だけ離れに帰る感じでしょうか」

そう言ったのは野末氏。別に家族仲が悪いわけでもないよ、と照れながら言っていたのが印象的なパパ。ゆっくり眠れるから最高なんだ、と。わかるけれど、それにしても大胆ですね。

「週末になったら手塚さんの店（※2）へ家族で行きます。手塚さんのお店は

とにかくDIY。
乗れるプラモデル兼住居だと思ってもらえばいい。

キャンピングカーの販売修理をやっている。だからそこでパパたちはキャンピングカーをDIY。新しいアイデアを試してみたりする。色を塗る。車内を修理する。棚を作る。時にお酒を飲みながら、わいわいと楽しい時間を過ごす。子供たち同士も仲がいいので、もう親戚みたい」

山梨県にある手塚氏のショップへ通う、と言ったのは佐藤氏。居住部分の窓が広くて開放感のある車内は本当に迫力があった。これに家族が乗り込んで、毎週末のように出かけている。絶対に皆様、大富豪ですよね?

「新車だったら中々のお値段になると思いますが、これは中古。それを大事に直して使っています。20年以上前の車ですから、値段はたいしたことありません。とにかくDIY。乗れるプラモデル兼住居だと思ってもらえばいい。家族が多いから、この方がラクですね。子供たちも喜んでくれています」

なるほど。佐藤氏がこう言えば、

「一度このクラスAに乗っちゃうとトイレも冷蔵庫もない車で2時間移動とか、考えられない。高級なスポーツカーもいいけれど、やっぱりトイレや冷蔵庫、あるといいでしょ?!」

たしかに。子供たちもスーパーカーよりキャンピングカーの方が楽しいとインタビューしている後ろで言っている。

「子供たちにいつも言っていること。それは『学校の遠足のバスにトイレはないから気をつけろ』です。うちの感覚では車にトイレと冷蔵庫はついているものなので」

笑った。でもたしかに家に駐車場さえあれば、可能かもしれない。そう思い始めてきた。宿泊代も移動費もそこそこかかる家族旅行。年に数回行く

※2 手塚さんの店

手塚美希氏が代表を務める
「Active Garage Tezuka（アク
ティブ・ガレージ・テヅカ）」。山梨
県笛吹市で乗用車はもちろん、
キャンピングカーの整備・販売を
行っているお店。国産車・米国車・
欧州車問わず、車検、整備、カスタ
マイズなんでも行っている。

ことを考えたら、実は合理的かも。荷物も積めてトイレもある。冷蔵庫があ
るから料理もできる。カスタマイズされた移動可能なホテル。旅行好きな
家族には最高なんじゃないか、と。でもデメリットはないのだろうか。

「やっぱりこの大きさなので、通りすがりの美味しそうなお店へふらっと寄
る、ということはできないですね。事前に決めた目的地へ素直に行く。それ
が基本です。道は通れるのか。交差点は曲がれるのか。パーキングに停め
ることができるのか。毎回必ずGoogleマップで通行予定の道筋を全てシ
ミュレーションしてから行きます。だから初めて行く場所でも、ふむふむ
知っている知っている! となる」

佐藤氏がこう言えば、

「パーキング2台分使っちゃってすいません。そう恐縮したりすることも日常」

と笑いながら手塚氏。

大富豪というより少し大胆な発想をもった"普通"な自由人かも。話をしているうちに少しずつそんな気持ちになってきた。車をDIYし、家族を愛し、旅をする。少々（というか本当に）サイズは大きいけれど、これはまさにこの本で僕が伝えたいこと、そのものなんじゃないか、と。手塚さんが最後にこう締めてくれた。

「この大きさゆえ、クラスAに乗っているキャンパーはマナーを大切にする人が多い。他の車に迷惑をかけないように、旅を楽しむ人たちです。それはクラスAを愛しているから。キャンピングカーが好きだから。この車という文化をね」

大富豪だけのものじゃない、僕らの知らないクラスAの世界。皆さんもどうでしょう?!

"MY CAR"
Q&A

LIFE STORY:06
MIKI TEZUKA

Q1. お持ちのキャンピングカーは、なんという車ですか？

A. 「ウィネベーゴ　ベクトラ34ft　DP　スライドアウト」です。

Q2. いつ購入した車で、どのくらいの距離走りましたか？

A. 2012年の冬に購入しました。現在9万マイル（約14万5千km）です。

Q3. ぶっちゃけいくらで買ったのですか？

A. 業販で購入しました。中古並行にて輸入した車両です。リビルトエンジン載せ替え、ラジエーター交換、アルコアアルミホイール、ビルシュタインショックアブソーバー、クワットディーゼル発電機、ベバストヒーター2機、瞬間湯沸しボイラー、ソーラーパネル、ウォシュレット、家庭用エアコン、その他いろいろと快適化しています。

Q4. この車を選んだ理由を教えてください。

A. スライドアウトするところと、DP（ディーゼルプッシャー）で運転が楽なところです。

Q5. 自慢のポイントを教えてください。

A. 7500W（ワット）の発電機を積んでいますので電気に困りません。家庭用エアコンも積んでいますし、ルーフエアコンも2機ついているので夏も快適です。

Q6. このキャンピングカーは何台目ですか？

A. クラスAとしては2台目です。前車はウィネベーゴのブレーブ31ftで3年半乗りました。その他、クラスCのアストロタイガーとBCバーノン（22.5f）を現在所有しています。

Q7. 一番大好きな宿泊ポイントを教えてください。

A. 長野県白馬村の「白馬アルプスオートキャンプ場（通称：どんぐり村）」です。夏は川遊び、虫取り、テニス、釣り、近くに温泉もあるので、子供連れには最高ですね。

■白馬アルプスオートキャンプ場
http://www.dia.janis.or.jp/~hakubacamp/index.html

Q8. あなたにとってキャンピングカーとは？

A. 趣味と家族旅行と楽しい仲間たちとキャンプができる車です。そして、災害の時の避難場所です。

Q1. お持ちのキャンピングカーは、なんという車ですか？

A.「1996年式　ウィネベーゴ・サンクルーザー　34ft　7500cc　ガソリン車」
です。

Q2. いつ購入した車で、どのくらいの距離走りましたか？

A. 2017年8月納車して、現在3万6千kmほど走りました。
年間約1万km走行ほどになります。

Q3. ぶっちゃけいくらで買ったのですか？

A. 購入価格は軽自動車3台分くらいです。
長期在庫車のため、安く購入できました。その後、修理及び快適化でプラス
100万円前後かかっていると思います。

Q4. この車を選んだ理由を教えてください。

A. キャンピングカーに乗り始めたのが2015年の夏で最初の車もアメ車のクラ
スCフォードロードランナー 21ftでしたが、何の知識もなく衝動買いし、失敗
し、わずか半年で同じくクラスCフォードリーバーデン23ftに買い替えしまし
た。サイズも大きくなり室内も広くストレスも感じないのでとても気に入り長く
乗り続けるつもりでしたが、また半年過ぎたころ、友人にアメリカンばかりのオ
フ会に誘われて参加してみると、参加している車はアメリカンクラスAの10m
クラスばかりで、自分の車が一番小さくて衝撃を受けました。スライドアウトす
るクラスAの車内にお邪魔してしばらく宴会しましたが、大人十数人居てもまっ
たくストレスなく楽しめてとても快適でした。
宴会が終わり自分の車に戻ると今まで広く感じていたはずなのにとても窮屈に
思うようになってしまい、どうしてもスライドアウトのクラスAが欲しいと思う
ようになり探していたところ、今の車と出会いました。

Q5. 自慢のポイントを教えてください。

A. やはりスライドアウトした状態の圧倒的な室内の広さですね。大雨のキャンプの時でも車内でストレス感じず居られるところです。

Q6. このキャンピングカーは何台目ですか?

A. この車を買った時点では3台目です。
さすがに34ft（10mオーバー）では行けるところも限られるので、その後4台目となるクラスBのダッジ19ft（6m）も増車しましたが、すぐ買い替えて、5台目もクラスBのダッジ19ftにしました。
最近新たにクラスC19ftも購入しこれから仕上げる予定です。現在クラスA、B、Cと3台揃うので使い分けて楽しみたいと思っています。

Q7. 一番大好きな宿泊ポイントを教えてください。

A. お気に入りのキャンプ場は静岡県富士宮の「COW RESORT IDEBOK」です。牧場にあるキャンプ場で牛乳やピザやクレープ、ソフトクリームなど美味しい物が沢山売っています。大きな富士山を見ながらのんびりとキャンプできて最高です。

■COW RESORT IDEBOK　https://www.ideboku.co.jp/cowresort/

Q8. あなたにとってキャンピングカーとは?

A. もともとテントキャンパーで、出発前と帰宅後の乗用車への荷物の積み下ろしが大変なので、キャンピングカーなら常に荷物は積んだ状態にでき、食材だけ積めばいつでもすぐ出かけられるというのが一番の理由でしたが、実際に乗ってみるとキャンピングカーを通じて同じ趣味の人と出会え、沢山の友達ができたことが嬉しく思います。また、キャンピングカーがあれば、遊びに使うだけでなく、災害にいつも備えているような状態なので、多少の停電や断水があっても数日なら耐えられるという安心感があります。キャンプもでき、仲間達と好きな車の話で盛り上がったり、家族のコミュニケーションもとれ、災害にも使えるこんないい物をもっと早く知っていたらよかったのにな、といつも思います。

Q1. お持ちのキャンピングカーは、なんという車ですか?

A.「TRIPLE E(CANADA) Regency C-736」という1991年式のFORDエコノラインベースのCLASS-C車両です。

当時、㈱トーメンが日本仕様に合わせて特注した車両のようです(正直、私もそこまで詳しくわかりません)。私の車両は7.3Lディーゼルで、まわりの話を聞くと、レアらしいです。このFORDの古い顔が好きで。たまたま知り合いの車屋さん(アクティブ・ガレージ・テヅカ)に車検整備で入っていたのを、「持ち主は売りたいみたい」と聞き、購入。かなり見た目はアウトな車だったけど、徹底的にリフォーム(DIY)。現在も少しずつ作業中です。

「TRANS CON製のCLASS-B」。これは車名不明です。1991年式のFORDエコノラインベース。こちらも上記とほぼ同じような感じで、知り合いの車屋さん(アクティブ・ガレージ・テヅカ)に「次男とふたりで使うのにCLASS-Bが欲しいんだ」と話しをして。自分でもいろいろ探していたのですが、「こんなのが売りに出ます」という話をいただき、購入。この車は内装を殆ど剥がして、現在DIYリフォーム中。内装終わったら、車両本体をアクティブ・ガレージ・テヅカさんにお願いする予定です。

Q2. いつ購入した車で、どのくらいの距離走りましたか?

A.「Regency」:2020年7月に購入。現状、購入してから3,000km程度。車両は約103,000km。ショック、エアサスペンション、ブレーキー式、ポンプ類などなど総取替えしているので絶好調です。

Q3. ぶっちゃけいくらで買ったのですか?

A. 新車じゃないですし、販売店との関係もありますので、購入金額は勘弁してください。ただ、車両エアコン、ブレーキ関係、ショックアブソーバー、エアサスペンション、ソーラー、フロアカーペット、ライト類(ヘッド、リア、車幅灯)、ペンチレーター、FFヒーターなどなど、新設・取替えしたので、車両以外で200万円弱かかっているかもしれません。

Q4. この車を選んだ理由を教えてください。

A. 前車は最新式でしたが、古い車両に興味がわき、顔（フロントマスク）に一目ぼれです。前車より小さくなりましたが、使い勝手は上々です。前オーナーが行ったと思われるフローリングが気に入ってます。

Q5. 自慢のポイントを教えてください。

A. 30年前の車の燻し銀の渋さ！　よくも悪くもアメリカンな装備＆外観。便利でもあり不便でもある矛盾ですかね。見た目は古い（ボロい）が、実は最新装備をそれなりにつけているっていう自己満足。

Q6. このキャンピングカーは何台目ですか？

A. 6台目です。国産キャブコン（ランドスピリッツ/カムロード）→バスコン（ランドホーム/シビリアン）→アメC（フリートウッド、タイオガ/FORD E450）→アメA（WINNEBAGO VIA 25R/ベンツスプリンター 3500）→アメB（トランスコン/FORD E250 現在リフォーム中）→アメC（REGENCY）という感じで10数年かな。

Q7. 一番大好きな宿泊ポイントを教えてください。

A. 一番のキャンプ場というのは特にありませんが、キャンプであれば芝一面のサイトが大好きです。山梨県「西湖自由キャンプ場」は、湖畔ギリギリまで車が進入できるのでいいです。

■**西湖自由キャンプ場**　https://saiko-jiyuu.camp/

Q8. あなたにとってキャンピングカーとは？

A. おとなの玩具、乗れるプラモデル、土日の遊びの行動範囲を300kmくらい広げてくれる道具、大人たちの秘密基地、オヤジになっても友達を増やしてくれる道具、キャンピングカーをリフォームしに行くための宿泊施設（笑）。

07

CAMPING CAR LIFE

OVERNIGHT IN THE CAR

"車中泊のススメ"

LIFE STORY: 07

Yasuyuki Ohashi

大橋保之

期待されていた2020年。東京2020オリンピックへ向けて、僕らの街はずいぶん前からこの年を楽しみにしてきた。街は整備され、新しい競技場が増えた。きっと素晴らしい年になる。光のあたる瞬間。だけどその期待は見事に崩れた。こんなに変わることを誰が予想していただろう。生活が変わった。様々な業種、業界から悲鳴が聞こえた。医療、飲食、観光など。僕が生きる音楽業界も例外なく青色吐息。厳しい戦いが今日も続いている。失ったことは多い。だけど前を向いて様々なアイデアを試して進まなくてはいけない。何年か過ぎて以前の生活を取り戻し、2020年を振り返った時に、

「あの厳しい時期があったから今、僕らは笑えている」

そんな風に言えるように今を生きたい。エンターテインメントの世界を生きるものとして、この閉塞感漂う世の中に何か灯りを灯したい。そう思っている。失ったものもたしかに沢山あるがきっとその逆で、手に入れたものだってあるはずだ。

「海に行って、仕事したりしています。会社に通う必要がなくなり、リモートで会議も車内でできるから。社用車はポップアップテントつきのコンパクトなキャンピングカー。400万円ちょっとで購入できます。車体はそんなに大きくないので普段使いもしやすいですね。それだけでどこでも眠れる秘密基地ができあがり。自分だけの空間ですね。押し入れのワクワク感、覚えていますか？　あの感じ。集中がきれたらそこで昼寝して、また仕事に戻る。これは意外といいですよ」

笑いながらそう話してくれたのは大橋保之。車旅や車中泊をメインコンテンツとして"旅"をテーマに扱う雑誌『カーネル』の代表。キャンピングカーやバンライフを扱い、僕も好きで読んでいる。見ているだけで楽しいし、旅心をくすぐられる。

「こんな時期だからこそ、使い方によってはキャンピングカーはその力を発揮します。もちろんキャンピングカーをイチから買うとなると大変ですが、今使っている車を車中泊仕様にするだけで随分違う」

そんな力強いメッセージをその本から、そして大橋氏から感じた。実際に、"密を避けて移動できる"隔離された個室空間のメリットは大きい。取り入れるべきライフスタイルだと僕は常々思っている。

「キャンピングカーを使っている多くは5〜60代のシニア層。僕らの雑誌の購入者もそのあたりが多いです。会社の一線を退いた方。退職後お一人

で、もしくは奥様と北海道や九州を旅する。そんな使い方ですね。ただ世の中が凄い勢いで変わってきています。20代から30代の若い世代。そこを増やしていきたい。若い世代にこの素晴らしいキャンピングカーの世界を知ってもらいたい。バンライフムーブメントはもう始まっています」

旅は好きだけど、車中泊はしたことがない。そもそも車を持っていない。持っていない、というか、なくても全然困らない。そんな若者が多い。特に都市生活を送る連中は車に対するモチベーションが極端に低いと感じている。大橋氏はそこを嘆く。そんなんでいいの?と。

車に泊まるだけなのに、面白い。
それを楽しんでもらいたい。それが第一歩。

「あんまりハードでなくたっていいんです。車はなんでもOK。軽でも、レンタルキャンピングカーでも。キャンプにからめて、自分に興味があることから始めて欲しい。山や海はもちろん知らない街へと旅をして、ただその街を歩くだけだっていい。どこかに泊まってみて、それを楽しんでみて感じるワクワク感。車に泊まるだけなのに、面白い。それを楽しんでもらいたい。それが第一歩」

大事なことは選択肢を増やすこと。大橋氏は言う。

「車があると選択肢が一つ増える。公共交通機関だけだった移動に、車という可能性ですね。人生と言うとちょっと大きいけれど、小さなことから大きなことまで僕らは全てを選ばなくてはいけません。わかれ道、どっちに行くか。右に行くか左に行くか。その楽しみを増やすこと。車で行こうぜ、という選択肢。車に泊まろうぜ、の選択肢。それが倍々に増えていく。選択肢がなくても生きてゆけるが、キャンピングカーを取り入れることで本当に多

くの選択ができるようになります。だから選ぶ楽しみを伝えたい。絶対に車中泊しろよ、ということではないのです。選択肢があることで味つけが増えるよ、と伝えたい。迷った時は楽しい方向へ行けばいいでしょ、とね」

大事なことは選択肢を持つ、ということ。大橋氏は繰り返しそう言った。たしかに僕もそう思う。それまでの常識が常識でなかったと気づかされた2020年。沢山の選択肢を持っていることが何より重要だと改めて思い知らされた。選択肢の中から最高だと思うものを選ぶ訓練。それを楽しみながらやることは、これからの人生で本当に必要なことだと僕は思う。進む道を選ぶ。迷ったら楽しい方へ行く。ワクワクしながら未来へ進む。自由な発想とハッピーな気持ちで旅を、そして人生を進む。時に起こるトラブルは旅を彩る調味料。ぴりっと辛いスパイスも時に僕らは必要さ。そんな気持ちで行くんだ。そしたらきっといつの日か、僕らは今日を笑えるから。

"MY CAR"
Q&A

LIFE STORY:07
YASUYUKI OHASHI

Q1. お持ちのキャンピングカーは、なんという車ですか?

A. 社用車はライトキャンパーのナッツRV「キャネル・Canel」です。日産のNV200バネットをベース車両として作られた車中泊カーです。

Q2. いつ購入した車で、どのくらいの距離走りましたか?

A. 2年前の秋から使用しています。現在3万km弱。いまのところ、不安定なところはありません。

Q3. ぶっちゃけいくらで買ったのですか?

A. 車の価格は、427万3500円です。

Q4. この車を選んだ理由を教えてください。

A. 小回りがきいて、荷物もたくさん載せられて、就寝時は快適に寝られるので。装備は必要最低限のみで「車中泊」に特化した車体です。

Q5. 自慢のポイントを教えてください。

A. フラットなシートの上に小テーブルを固定できて、お座敷仕様で仕事ができる点です。

Q6. このキャンピングカーは何台目ですか?

A. 1台目です。

Q7. 一番大好きな宿泊ポイントを教えてください。

A. 北海道のオートキャンプ場「白老キャンプフィールド ASOBUBA」です。苫小牧〜札幌付近。比較的、空港やフェリー港から近くて便利だけど、とても自然が近いです。

■白老キャンプフィールド ASOBUBA　https://asobuba.com/

Q8. あなたにとってキャンピングカーとは?

A. 移動編集部です。

THE TRAVELING COUPLE

"旅する夫婦"

Isao & Miho Sueki

末木勲 / 美保

REGARD Neo+

08

CAMPING CAR LIFE

ふたりは似ている。もともと似ていたのかな。それとも似てきたのかな。おっとりとした雰囲気を持っていたのが第一印象なのに、スイッチが入ると真逆。ふたりして大好きな釣りの話をしだしたら止まらない。

「とにかく1年中釣りです」

末木ご夫妻。好き、だけでは止まらず全国の釣り大会に夫婦でエントリーする釣り人。ニジマスを追いかけてニシヘヒガシへ。制限時間内に最大数の釣果を競う大会などに数多く出場し、優勝経験もある。そんなご夫婦が選んだ車がこのキャブコン。車内を見せてもらったら様々な釣り道具が入っていた。

「上の寝台スペースにはコイツを入れています」

開閉式のプルダウンベッドに沢山の竿。壁にはルアー一式。見ただけでウキウキするような道具たち。好きなものに囲まれて、笑顔にならないわけがない。

「釣りをするようになって、そして大会に出るようになって、宿泊費がとにかく高かった。それをなんとかしたいとキャンピングカーライフを始めました」

笑いながら話してくれたのは奥様。聞けばお父様はその昔フォルクスワーゲンのバンに乗っていたバンライファー。つまり彼女はバンライフがすぐそこにあった家庭育ちです。なるほど、それであれば、キャンピングカーを人生に取り入れるハードルは低い。魅力を知っていればいろんなことをあっさりと乗り越えられるもの。

「釣りのために、車中泊ができる車にしようと。最初はただ足を伸ばして眠れる車ということで、ハイエースを選びました」

今の車に出会う前。初めてのキャンピングカーを選ぶ時、とにかく時間がかかった、と言う。知識がなかったのもあるが、調べ出すと広大な海のようなキャンピングカーの世界。選択肢があり過ぎて、とにかく迷う。迷いに迷って結果手にした1台目は4年乗って手放した。使っているうちに自分たちに

は何が必要で不必要か。それがわかってきたと言う。

「間取りを決めることが大事」

夫婦で話し合って出した結論。選んだ条件は、テーブルがあって、奥にベッドがあって、それぞれが独立している、ということ。それが決まったらあとは早かった。

「たまたま紹介された店に行ったらこの車に出会いました」

即決だった、という今の車。この車と出会って人生が変わったよね、と笑顔

のふたり。微笑ましい。

「釣りの時間に合わせて移動ができる。宿泊を考えずに、そして渋滞を気にせず移動ができる。そうすると釣りの現場で休み時間が沢山取れる。プラス要素しかありません」

自由を謳歌するふたり。キャンピングカーの最大の魅力はやはりそこだ。強いて言えば、ということで今感じているデメリットを聞いてみた。

「少々大きいので狭い道はまだ怖いです。でもだいぶ慣れてきたでしょうか」
そんな話をしながらふたりはまた笑った。

キャンピングカーは決して安い乗り物じゃない。生活に絶対に必要か、と聞かれたら答えは否。だけれどもこのふたりを見ていたら、それはきっと必要で、そしてそれがあるから生活が豊かになっている。釣りを楽しむことで、夫婦がいきいきと輝くんだ。

この車と出会って、きっとふたりはさらに似てきたんだと思う。お互いを尊重し、好きなことに共に没頭し、時に喧嘩し（そう言えばキャンピングカー内のトイレは使ってない、と言っていた。どっちが処理をするかで喧嘩するから、と。なるほど）、釣りを、そして人生を楽しんでいる。キャンピングカーのある人生。改めていいな、とこのふたりを見て思った。

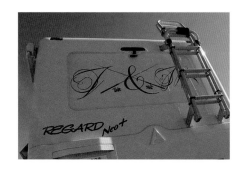

"MY CAR"
Q&A

LIFE STORY:08
ISAO & MIHO SUEKI

Q1. お持ちのキャンピングカーは、なんという車ですか?

A. 「レガードネオプラス - REGARD Neo Plus」(ヨコハマモーターセールス) です。
https://www.ltcampers.co.jp/regard/
長野県諏訪市のLTキャンパーズ様から新車で購入しました。
自分たちでリビングの棚と小物入れ(木製)を作りました。

Q2. いつ購入した車で、どのくらいの距離走りましたか?

A. 2019年の12月に購入しました。現在まで1年3ヶ月で約2万km走りました。

Q3. ぶっちゃけいくらで買ったのですか?

A. 新車購入でソーラーパネル、サイドオーニング、発電機、外部電源などオプション込みで1200万円でした。

Q4. この車を選んだ理由を教えてください。

A. リビングと寝室が独立していること、屈むことなく普通に歩いて移動できること、トラックベースですが運転しやすいことで、一番は居住性のよさです。

Q5. 自慢のポイントを教えてください。

A. 年間を通じて私たちは各地に釣りに行っています。乗用車の時は車中泊しても足を伸ばして寝ることができないため寝不足でしたが、現在は普通に睡眠をとれるのでストレスフリーになりました。実際、釣りの成績もよくなっています（笑）。

Q6. このキャンピングカーは何台目ですか？

A. 2台目です。前の車はハイエース（DOLQ）の中古車でエアコンがなかったので夏は非常にキツかったです。中古購入（650万円）で4年乗って、10万km超える前のタイミングで売却（320万円）し、レガードを購入しました。

Q7. 一番大好きな宿泊ポイントを教えてください。

A. 「道の駅 美ヶ原高原」です。朝方の雲海と日の出は最高でした。

■道の駅 美ヶ原高原　http://m-utsukushigahara.jp/

Q8. あなたにとってキャンピングカーとは？

A. 釣りの遠征に不可欠な車です。

09

CAMPING CAR LIFE

LESS THAN HOUSE, MORE THAN CAR

"停まった場所が、家になる"

LIFE STORY: 09

Johnny Wataridori

渡鳥ジョニー

豊かな暮らしをしたい、と思う。それがどんなものかはっきりとは言えないけれど、きっと快適でハッピー。好きなものに囲まれて、好きな人と。何より自由でありたい。

テレビ、雑誌、ネット。その全てから沢山の情報を僕らは日々得ているわけだが、でも本当のところ、どうなんだ。自分の目で見て、実際に感じる。それでしかわからないことがきっとある。

親と暮らす実家を出て、ひとり暮らしを始めた時に感じた気持ち。それは今も忘れていない。あれ以上の自由がそれまであっただろうか。自分らしい生活の模索、その第一歩は、いつだって生家を出るところから始まるんだ。

僕の場合は大学1年のころ。都内にあった外国人用シェアハウス（当時はシェアハウスなんて洒落た名前ではなく、『外人ハウス』と呼ばれていた）、がそのスタートだった。ルームメイトはカナダ人。部屋は6畳で二段ベッド。世界各国からやってきた住人は40名ほど。リビングはまさに小さな地球だった。食堂と風呂トイレは共用。決して綺麗でかっこいいとは言えない建物だったけれど、様々な文化と人が出会い行き交う、エキサイティングで楽しい共同生活だった。飲んでばかりのぶっ飛んだイギリス男。とにかく根暗で部屋から出ないアメリカ人（アメリカ人ってそんな感じなの?!　イメージと違う）。箸の使い方がキュートなフランス女性。特に親しくなったのはキムチを分けてくれた韓国人留学生だった。

沢山の人がいて、その数だけ生き方があり、正解がある。これがそこで学んだ一番のこと。今の僕の音楽にもそこでの暮らしは少なからず生きている。また暮らしを設計する上で、様々な判断を強いられる時に、そこでの経験が影響している。

あなたはどんな暮らしがしたいですか。

「高い家賃を払って、そのために働いて、生活費を稼いでいく。それは順序が逆なんじゃないか。そう思っていました。豊かな暮らしというのは多様性があるはずなのに、住宅っていうパッケージで選ばなくてはいけない。マンション、アパート、持ち家。選択肢がなさ過ぎる」

本日のお相手は渡鳥ジョニー氏。その名の通り、エッジの効いたベンツ・トランスポーターに乗り、様々な場所で暮らしながら、メッセージを発信するハイパー"車上"クリエイター。

「僕はもともと広告をやっていたので、凄く意識してしまうのですが、自分の所有するもの、その全てからもメッセージは出ると考えています」

ソーラーパネルから確保できるクリーンな電源。備えられた良質のスピーカー。

コーヒー愛に満ち溢れたコーヒーメーカー。選び抜いたひとつひとつから、

「どんな生活をしたいのか」

それが伝わってくる。好きな音楽を聴きながら、旅をするように暮らしたい。コーヒーを飲むのだって、開けた場所、太陽の下で飲んだらそれは別格。好きなものに囲まれて、自由に進む。模索を繰り返し、実験を続ける。暮らすこと、それがジョニー氏のテーマ。

「車に住む。それを始めた最初の拠点は永田町でした。国会議事堂のすぐそば。シェアオフィスの駐車場。そこに停めてオフィスで働いていました。月の駐車場代が5、6万円ぐらい。シェアオフィス代金が光熱費、ネット代金込みで3万5千円。シャワーもありましたが、近所のスポーツジムに入っていたので、お風呂はそこで。ジム代金足しても10万円以下。同じ永田町でワンルームを借りて、車を持とうとしたらまず不可能な金額です。シェアオフィスはとても広くて1000平米ぐらい。オフィスだから夜になれば、みんな帰る。だから使うのは僕ひとり。いい感じのキッチンやラウンジもあって、お酒も飲めて、最高でした。起きている間はほぼほぼオフィスにいて、眠る時だけ車に帰る感じ。実験としてはとても面白い経験でした」

本当に自分にとって大切なもののみを選び抜き所有。それ以外のものは

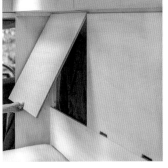

今、仕事はどこにいてもできる時代。
つまりどこにでも住める、ということ。

シェア。まさに今の世の中にマッチした考え方だと思う。現在もその実験は続いているのだろうか。

「今やっているプロジェクトは八ヶ岳。シェアの拠点となる施設でプロデューサー兼コミュニティーマネージャーをしています」

定額制多拠点住居サービスというものをご存知だろうか。

「自分らしくを、もっと自由に」

その言葉をテーマにライフラインの限界から解放された、本当の意味での自由な生き方の実現を目指すプロジェクト。LivingAnywhere Commons（以降LAC）。すでに全国に17拠点（2021年7月現在）があり、今後その数は増えていくという。今日は山梨。明日は伊豆。来週は沖縄。そんな暮らしもきっと素晴らしい。

「2020年はリモートワーク元年という感じでしたね。僕は10年以上前からそんな仕事のやり方を追求してきました。今、仕事はどこにいてもできる時代。つまりどこにでも住める、ということ」

自分にあった様々な場所で暮らす。オンラインで働く。車に乗って好きな場所へ。拠点に集う同じ気持ちを持った人との交流もきっと楽しいに違いない。

ワーケーションという言葉も耳にするようになったが、働きながら暮らしを楽しむ。このやり方は絶対にありだ。

「たとえば、ずっと車で生活しなくてもいい。LACを上手く併用すれば、可能性はずっと広がる。季節を選んで、場所を選んで、渡鳥のごとく人は楽しく、快適に暮らしてゆける」

ジョニー氏の今。八ヶ岳の拠点に、車を改造するための工房を作った。快適でクールなバンライフを送るために、自身でカスタムができるように道具も揃えた。LACの拠点作りにも積極的にアプローチ。アイデアを駆使して、文化として成熟するよう発信を続けている。

このメッセージが多くの人に届くことを僕は期待している。特に20代。かつての僕のように実家を出て、その第一歩を踏み出そうとしている連中に。通り一遍のやり方以外にも、素敵な方法が沢山あるんだ。それが世界。それが自由。

「停まった場所が、家になる」

これはSNSに掲載されている彼の言葉。これこそがまさに〝豊かな暮らし〟そのものだと僕は思う。

"MY CAR"
Q&A

LIFE STORY:09

JOHNNY WATARIDORI

Q1. お持ちのキャンピングカーは、なんという車ですか？

A. メルセデス・ベンツ　トランスポーター T1。中古で購入し、大工さんや友人とともにフルリノベ。ニューノマドというテーマで北欧モダンを参考に住宅パーツを仕上げました。

Q2. いつ購入した車で、どのくらいの距離走りましたか？

A. 2018年春購入、ちょこちょこ壊れながらも現在24万km。

Q3. ぶっちゃけいくらで買ったのですか？

A. 300万円で動くマイホーム、と思ってはじめましたが結局トータルで500万円くらいはかかってます。

Q4. この車を選んだ理由を教えてください。

A. 立てる、寝れる、コインパークに泊まれる、というバンライフする上での条件を満たす、最小かつ最大サイズなのと、なんといっても現行車にないクラシックな見た目。あ、あとは「マイホームはベンツ」って言いたかっただけ（笑）。

Q5. 自慢のポイントを教えてください。

A. 壁面収納にシモンズのベッドがピッタリ収まるベッドシステム。

Q6. このキャンピングカーは何台目ですか？

A. 初号機です。NZでバンライフした際、最新のVANが快適すぎたので、スイスイ走れる2号機を検討中。

Q7. 一番大好きな宿泊ポイントを教えてください。

A. 長野県諏訪市の霧ヶ峰高原です。北イタリアのようなランドスケープと、霧の幻想的な世界。天気が良ければ富士山も見えます。

Q8. あなたにとってキャンピングカーとは？

A. You are what you ride. 自分の人生そのもの。

NO CAMPER, NO LIFE

"家族の絆を繋ぐキャンピングカー"

LIFE STORY: 10

Yuichiro Nose

野瀬勇一郎

とかく男は頑張っちゃう生き物です。

一生懸命働いたら、当然その分暮らしも彩られる。家族にもっとよりよい暮らしを提供したい。組織に属していれば、会社からの評価、もっと言うとその仲間からの評価だって、男なら気になるところ。成績が数字となって表れる業種についていたら、なおのこと。がむしゃらに働いて、時に自分の時間を犠牲にしても、家族が喜んでくれるなら問題はない。チームに認められるなら、睡眠時間だって削ることができる。これが男の生き方です。

今日は働く男の話。

「僕はキャンピングカーに人生を救われました」

そう話すのは野瀬勇一郎。車泊を日常化するための様々なイベント、企画をプロデュースする会社 CarLife Japan を立ち上げた車愛に溢れたビジネスマン。

「もともとは出張のかなり多いサラリーマンでした。私が所属していたのはイベントの企画運営をする会社。様々なキャンピングカーショーやそれにまつわるイベントも多数たずさわっておりました」

とにかくよく働いていた。そう回想する野瀬氏。

「当時の私は東京と大阪を行き来する毎日。年間40回ほど往復していました。途中からは単身赴任。1年間で自宅にいることができるのが約40〜50日程度。東京に単身赴任してから3年経った時に妻から、『この生活はいつまで続くの?』と問われた。その時、家族との絆に危機感を覚えました」

家族のために。そう思って働けば働くほど共に過ごす時間が持てなくなる。僕もそのあたりの気持ちはよくわかる。話を聞きながら激しくうなずいた。

「当然すぐに単身赴任を解消もできない。それで発想を転換。ふたりのため

大事な話は全てキャンピングカーの旅中にしました。
いい話も、そうでない話も。

に限られた時間をどう有意義に使うか。コミュニケーションをスムーズにするにはどうしたらいいか。それを意識しました」

そして行き着いた答えが自身の仕事先で出会ったキャンピングカー。これならふたりの時間が確実に取れるのではないか、と。

「ふたりで目的地に向かい、ふたりで食事の準備をする。うちにはペットもいたので、その家族全てが一緒に旅することが大切で、それができるキャンピングカーはまさに最適な道具でした。一緒に旅に出ているうちに、いつしか単身赴任に対しての不満が薄れてゆくのを感じました。沢山話して、沢山笑う。コミュニケーションの大切さを改めて感じた次第です」

ニシヘヒガシへ。単身赴任から戻るたびに沢山の旅を家族でしたと言う。愛する妻とペットと共に。時に親家族も交えて様々な場所へ訪れた。キャンピングカーが家族の絆を揺るぎないものに変えてゆく。

「大事な話は全てキャンピングカーの旅中にしました。いい話も、そうでない話も。長距離電話で話したら炎上しそうな相談すべきことも、全てそこで。共に焚き火を見ながら話したら、誤解なく伝わると私は思います」

こうして家族の危機を乗り越えた野瀬氏。自身の生活をキャンピングカーによって取り戻した彼は、前述した会社、CarLife Japanを設立し独立。旅の素晴らしさ、車泊の楽しさを広めるために奔走するようになる。

「毎年ドイツで開催される欧州一のキャンピングカーショー "キャラバンサロン" に行っています。その規模の大きさに驚く。10日間開催。展示される車の数は2100台。日本最大のショーの約7倍の大きさです。日本はまだまだだと、その度に感じています」

何をしたらもっとキャンピングカーの魅力が広まるのだろうか。アメリカや欧州に負けない美しい自然がある日本にもその文化を根づかせたい。もっと言うと、働きづめだった過去の自分みたいな人々を救いたい。きっとそんな想いもあったんだろう。野瀬氏のハッピーな戦いはこれからも続く。

仕事が好きな男の人は多い。僕もそのひとり。それが家族のためだったりするとやっぱり頑張っちゃえるんだ。気がついたら家族との時間を削ってまでも仕事に没頭。家にだって仕事を持ち込んで戦っちゃう人、いるよね。
「時間がない人ほど、キャンピングカーを選ぶべき」
野瀬氏はそう締めくくった。僕もそう思う。
働き過ぎの全ての人へ伝えたい。キャンピングカーっていいんだぜ、と。

"MY CAR"
Q&A

LIFE STORY:10
YUICHIRO NOSE

Q1. お持ちのキャンピングカーは、なんという車ですか?

A. 以前は軽キャン、バンコンを持っていましたが、今は専らシェア、レンタルキャンピングカーです。

Q2. いつ購入した車で、どのくらいの距離走りましたか?

A. 軽キャンは2016年〜1年で約7,000km。
バンコンは2017年〜1年で約8,000km。

Q3. ぶっちゃけいくらで買ったのですか?

A. 新車購入で軽キャンは300万円(税込)、バンコンは380万円(税込)程度。シンプルにしたのでエアコンはなし。

Q4. この車を選んだ理由を教えてください。

A. 都内で、駐車、走行することを前提に購入。うちは夫婦と犬2頭なのでこのくらいの大きさでいいと思っていましたが、いざ乗ってみると大きいものがよくなり、徐々に大きいものを購入検討しました。バンコンのあとはマンションの駐車場に入らないため、シェア、レンタルに特化するようになりました。

Q5. 自慢のポイントを教えてください。

A. 軽キャンはポップアップで、小さいけど機能満載。
バンコンは少し大きくなってシンプルに使いこなしました。

Q6. このキャンピングカーは何台目ですか?

A. これまで購入したのは2台です。
乗った車両はこれまで、20車種、100台を超えていると思います。

Q7. 一番大好きな宿泊ポイントを教えてください。

A. 山梨県「西湖キャンプビレッジ・ノーム」が大好きです。ここは西湖沿いで、湖遊びがカヌーなどでできます。お風呂はホテルの施設のものを借りるので非常にきれい。道の駅も近く、買い出しも容易で非常に満足しています。

■西湖キャンプビレッジ・ノーム
https://www.hamayouresort.com/gnome/

Q8. あなたにとってキャンピングカーとは?

A. 夫婦だんらんの場所です。

「世界一周」 Around the world

BY GAKU-MC

旅を通して、僕は様々なことを学んだ。

ため息が出るような景色。現地でしか得ることのできない体験。そして心温まる人との出会い。時に訪れるトラブルも"旅を彩る調味料"。それらを乗り越えた先に、きっと素晴らしい光景があって、人としての成長が待っている。つまり旅こそが僕らに必要なこと全てを教えてくれるんだ。まさにLIFE IS A JOURNEY（これまで作った様々な楽曲たち。その中のひとつにこのタイトルを選んだ。今も多くのライブで歌う大事な曲となっている）。

自分の子供たちにも同じ気持ちでこの素晴らしい世界を実際に自分たちの目で見て欲しい。そして人生を楽しんで欲しい。親として（ひとりのとう

ちゃんとして）そう願っている。

一生懸命働いた2016年。どうやら年末に2ヶ月ぐらいの休暇を取れそうだ（実はかなり無理矢理ではあったが）、ということがその年の春に判明。

「どうせなら世界一周しよう。そしてアメリカ大陸はかつてから憧れていたキャンピングカーで周ろう」

そう決断。様々な調整を試みて（ラジオのレギュラー番組は2ヶ月分、事前に収録させてもらった。スタッフとリスナー皆様には感謝しかない）、準備は整った。妻と当時8歳の長女。そして2歳になったばかりの次女を伴っての旅だ。

基本的には船旅。各国を海でわたる PEACE BOAT（※1）に乗り込んだ。日本を出航し、中国へ。シンガポールを抜けてインド洋。途中様々な島国を巡り、アフリカ。喜望峰にタッチしたあと、ブラジルへ到着。そこから飛行機に乗り換えアメリカへ渡る。カリフォルニアを車で移動。メキシコへより、そして日本へ戻る行程で期間は2ヶ月。10カ国の訪問の旅。

アメリカをキャンピングカーで巡る。いつかやってみたいことリスト（そんなものを何年も前に書いていたっけ。理由は簡単。それこそが自由の象徴だと思っていたから）の上位に常に入れていたこと。それをついに実行した。ロスの空港へピックアップしてくれたのは現地キャンピングカーレンタル会社の日本人スタッフ。実はこの会社、日本で全て申し込みができる。アメリカで初めて借りるキャンピングカー。とにかく大きい。サイズにして25フィート（約7.6m。一般的な幼稚園バスよりも長いです）。不安要素満載で

※1 PEACE BOAT
ゆっくりと大海原を進みながら、地球の大きさを体感する、地球をめぐる船旅「ピースボート」クルーズ。1983年に出航した第1回クルーズから数え、これまでに100回を超えるクルーズを実施し、8万人が乗船している。　PEACE BOAT https://www.pbcruise.jp/

はあったが、親切丁寧な指導で一安心。慣れない右側通行も、左ハンドル
の違和感も問題なく、次第に運転も慣れてゆく。

レンタルした車はいわゆる"クラスC"。バンクベッドがあって、

「これぞキャンピングカー」

といった風貌。トイレも空調も冷蔵庫もあってフル装備。まさに動くホテ
ル。不安がっていた家族も笑顔。快適な旅となる。

それまでアメリカに行くたびに（学生時代から何度も行った。本職ラッパー
ですから。大好きなNYやLA。アトランタなどもレコーディングで度々訪れ
ました）、思っていたことがあった。それは、

「食事の量が半端ない。完食できずに残してばかり」

しかしながらキャンピングカーです。現地スーパーマーケットで食材を買い
込んで、食事は毎回妻の手料理。まだ小さい子供たちも食べられるし、何よ
り分量がちょうどいい。レストランで残す必要がなく、そういう意味でもス
トレスが少なかった。

宿泊はRVパーク（※2）へ。これはもう最高。アメリカでは歯医者さんより
も、そしてコンビニよりも、RVパークの数が多い、と言われている。フリー

ウエイ（高速）をちょっと走って郊外へ行けばどんな街でも必ずそれを見つけることができる。今回は事前に予約していった場所を巡る旅となったが、そのどれもがクオリティ高くて驚いた。給排水や給電といった設備。大切なランドリー施設。そしてプール。どこもそれらが充実していて、安心させられた。特にプールは肌寒いカリフォルニアの冬でも入れるようにどこも温水。ちょっとした温泉みたいで家族も大喜び。日本にはまだまだ馴染みの薄いRVパークだけれど、それらの発展がキャンピングカーの世界をもっと広めてくれるに違いない。そんなことを思った記憶がある。

ロスから数日かけて南下。目的はメキシコ。国境沿いの駐車場へキャンピングカーを停めて、徒歩で国境を越えた。現地レストランで食べたメキシコ料理は、妻の手料理を除けば（笑）、世界一周中で食べたどの料理よりも美味しかった。

....

※2 RVパーク
RVパークとは Recreational Vehicle Park（レクリエーションビークルパーク）の略で、アメリカやオーストラリアなどにあるキャンピングカーで利用できるオートキャンプ場のこと。Caravan Park（キャラバンパーク）と呼ばれることもある。

永遠と続く砂漠の中の一本道。海沿いのダイナミックな景色。RVパークのウキウキする感じ。現地食材を使った手料理。車で寝て、車で走って、車で笑う。運転はやっぱり少し疲れるけれど、安全第一が最も重要な家族旅には本当にもってこい。大きなトラブルも特になく（もしかしたら忘れているだけかも。返却が遅れそうになって必死に飛ばしたし、そういえばメキシコ料理食べたあたりの地区はかなり治安が悪くてドキドキしていたしね）、返却時に子供たちは、

「まだここにいたい」

そう泣いていた。

あれから4年が経った。長女は覚えているが次女は怪しい。帰国後生まれた末っ子はまだキャンピングカー旅をしていないので、いずれ世界が落ち着いたら（それはいつだろうか）、またあのダイナミックな旅に出たいと考えている。今度はルートを決めないで、思った方へ、ゆっくりと。そんな旅が理想。そして時に出会う紆余曲折を乗り越えて、雄大な世界と可能であればとうちゃんのかっこいい背中を子供たちに見せたいと思っている。人生は終わりなき旅だから。

STAY ANYWHERE, ANYTIME WITH YOUR LOVED ONES

"好きな時に、好きな場所で、
好きな人と過ごせる未来"

LIFE STORY: 11

Koki Miyashita

宮下晃樹

振り返れば、独身のころはよく無茶をしていた。大学時代、勉強もそれなりにはしていたけれど、今考えれば夏と冬には長期休みが普通にあったし（なんでもっと旅しておかなかったんだ!）、週末ごとに友人の家を泊まり歩き、午後まで寝ていたなんてザラ。今はどうだろう。音楽を生業にしてはいるが、かかえた数々のプロジェクトを支障なく進めるために、ほぼ毎朝（僕の場合、作業時間を早朝と決めている。子供たちが起きてからだと邪魔されて何もできません）規則通りに創作活動とメールの返信。この本の原稿の大部分も夜明け前に書いていた。学生のころ、想像していた自由とはずいぶんとかけ離れた生活。

自由な時間はあまりない。子供の成長と共に膨らんでくる教育費。年々足りなくなってくる生活空間。悩みは尽きない。

「とにかく。自由に生きたいんだ。ポケットの中にある数々の悩みの種を燃えるゴミの日に断捨離して、風になるんだ。行くぜ未来!」

そう叫びたい（今度そんな歌も作ろう）。

キャンピングカーさえあれば、人生がもっと豊かになるのかも。

この本を手に取っている人の中で、そんな想いを秘めた人、きっと多いはず。Webサイトを眺めてはため息をつく日々。それでまた新しい悩みが生まれるわけね。

悩み。キャンピングカーに乗ってみたいが、ハードルが高い。いきなり買うのはどうなんだ。

悩み。どこへ行くのがいいのだろう。どうせなら最高の場所へ無理なく行きたい。

悩み。もし買ったら、使わない時どうするの。駐車場だってないんだぜ。

なんてね。

海外から日本にやってくる人たちにも素晴らしい、
忘れられない記憶をプレゼントしたい。

その悩みを解決してくれる人に会いました。宮下晃樹。1992年生まれの
29歳。今回出会ったキャンパーたちの中で最年少の彼、その言葉たちが僕
らのかかえる悩みを優しくときほぐしてくれることとなる。
「キャンピングカーに対するハードルをとにかく低くしたい」
2018年にキャンピングカーと車中泊スポットを検索・予約・決済できるモバ
イルアプリCarstay（※）をリリースし、同名の会社代表を務める宮下氏。
キャンピングカーを借りる。貸し出せる。行き先を予約できる。キャンピン
グカーについて様々なエッセイや情報を読むことができる。バンライフにつ
いて学べるなど、僕も普段から愛用しているこのサービス。発想はどこから

※Carstay

日本全国でキャンピングカーのカーシェア、レンタル・RVパーク含む車中
泊スポット・観光体験アクティビティをかんたんに予約できる「Carstay
（カーステイ）」。利用するだけではなく、所有するキャンピングカー・駐車
場・空き地などを、シェアリングカー、車中泊場所やテント泊スポットとし
て貸し出すこともできるサービス。　https://carstay.jp/

きたんだろう。

「2歳から7歳まで、親の仕事の関係でロシアに住んでいました。大学時代はアメリカに留学。外国に外国人として暮らした経験が僕には沢山あります。そこに住む地元の人たちにめちゃくちゃよくしてもらった。素晴らしい思い出。だから海外から日本にやってくる人たちにも素晴らしい、忘れられない記憶をプレゼントしたい」

大学卒業後、入社した会計士事務所で公認会計士として働き始めた宮下氏。土日の休みで、ボランティア活動に従事することとなる。それが旅ガイド。海外からやってくる人に日本のいいところを伝える活動。メジャーな観光スポットというよりも個人の希望に合わせた場所を選び、言葉で伝えてもてなした。

「4年間で1200人以上はガイドしたと思います。車でいろいろと連れて行ったり、時にはキャンプしたりも。だけどこのまま頑張ってもこれ以上は限界があるな、と。僕のかわりに彼ら自身が行きたい場所を見つけて、外国人でも簡単に車を借りることができて、好きな場所を見つけて泊まれるような、そういうサービスがスマホでできれば、いいんじゃないか。そんな自由な社会がいいな。それがきっかけです」

訪日外国人を助けるためのアプリとしてスタートした Carstay。借りることができるキャンピングカーは、キャンピングカーを貸し出したい人が提供する、いわばマッチングサービス。画一的な、全てが同じ車でなく、オーナーそれぞれの個性が溢れる車種が魅力。スタンダードなキャンピングカー。70年代のヒッピー文化の香りがするバン。大きなクラスA。アプリを見ているだけでも楽しくなる。キャンピングカーに乗ったことがない、そもそも車も所有していない学生や若い世代にとって、使い馴染みのあるスマホで検索できることがハードルをかなり低くしていると思う。また使ってない時に貸し出すことができればキャンピングカーオーナー皆様もだいぶ助かるんじゃない?

「年利7パーセントを目標値として運用できるようにしていきたいと考えてます。当社で扱う一番の人気車を例にあげると、700万円の中古車を購入されたオーナー様のお車で、この二ヶ月で30万円の売り上げがたちました。月15万円ですね。年間180万円をコンスタントに稼げたとして、駐車場代などの維持費を引いても100万円ぐらいは残ると思います。100割る700で、15パーセント。これはいい例ですが、つまり投資運用目的としても考えてもらえるのかな、と」

元公認会計士さんに数字で説明されると、納得するしかありません。自宅の駐車場などに眠らせておく心配がなくなるだけでも悩みが一つ解決だ。

「コロナで訪日外国人が減った時に、思い切って医療機関に車を無償提供させてもらいました。ウチで預かる56台を27施設に振り分けて使ってもらった。お医者さんの休憩施設として、また忙しくて帰宅できない看護師さんたちにもそこで宿泊してもらったり」

社会で生きることは、貢献すること。キャンピングカーで社会貢献できるなんて素敵だ。彼と話をしているとその発想が面白くって話は尽きない。訪日外国人をおもてなしするために始まったアイデアは、きっと日本を、そして悩める僕らを救うに違いない。

大なり小なり、人間は悩みを持っている。考えることは大事だが、考え過ぎてもいけません。結局はやりたいことを好きなようにやる。それに限ると僕は思う。ナンダカンダ言ってもラップが好きだからラップするわけで、旅が好きだから旅するわけで。

日々襲いかかってくる悩みも含めて人生を味わおう。何やっても悩むなら、好きな時に、好きな場所で、好きな人と過ごせる未来を僕は選びたい。

"MY CAR" Q&A

LIFE STORY:11
KOKI MIYASHITA

Q1. お持ちのキャンピングカーは、なんという車ですか?

A. モビゴン (Mobility Office Wagon) | フリーダ (フォード)。マツダ・ボンゴ フレンディをベース車両にしたキャピングカーを中古で購入し、「動くオフィス」をテーマに、内装・外装をDIYで製作、改装しました。Carstayのキャンピング予約サービス「バンシェア (https://carstay.jp/ja)」でレンタカー登録して貸出しています。

Q2. いつ購入した車で、どのくらいの距離走りましたか?

A. 2020年夏に購入し、DIYが完了したのは冬です。
まだ1000kmほどしか走っていないですね。

Q3. ぶっちゃけいくらで買ったのですか?

A. 中古で70万円で購入し、DIYやオプションで約150万円かかりました。

Q4. この車を選んだ理由を教えてください。

A. レンタル車両向きだと思ったからです。「荷物空間」「滞在空間」「就寝空間」の3つがしっかりわかれていて、都度トランスフォームする必要がなく、また、ベース車両がバンで、かつサイズも普通車とあまり変わらないので運転もしやすいため、キャンピングカー初心者の方でも安心してご利用いただけるようになっています。

Q5. 自慢のポイントを教えてください。

A. 「動くオフィス」がテーマですので、車内での働きやすさを重視しました。エアコンやAC電源を完備し、部屋で仕事するのと変わらない快適さとなっています。さらに、シートを横向きにしたことで、自分の好きな景色を見ながら、仕事ができる仕様になっています。

Q6. このキャンピングカーは何台目ですか?

A. 購入したのは1台目のキャンピングカーです。

Q7. 一番大好きな宿泊ポイントを教えてください。

A. 静岡県のCarstayステーション「The Old Bus」です。沼津湾越しにプライベートキャンプをしながら、富士山を独り占めすることができます。廃バスをBarにリノベーションした施設「The Old Bus」に併設されているので、お酒好きな方にはとてもオススメです。

■The Old Bus　https://carstay.jp/ja/stay（静岡県で検索）

Q8. あなたにとってキャンピングカーとは?

A. 時間と場所を選ばずに人生を過ごせるライフスタイル「バンライフ（VAN LIFE）」を体験できる「可動産（＝自動車×不動産）」です!

12

CAMPING CAR LIFE

BRING PEOPLE TOGETHER

"それは人と人を繋ぐ"

LIFE STORY: 12

Kota Ogawa

小川コータ

小川コータはミュージシャン（※）。人と人を繋ぐ音楽を奏でている。自身でも、ユニットでも、そして楽曲提供で他のシンガーの声を通しても。時にハッピーに、時に悲しく。感情に訴えた楽曲たちは人の背中を押して、ときほぐす。僕も大好きな音楽家のひとり。鎌倉を拠点に活躍する彼の音楽やそのライフスタイル、本当に素敵だ。

子供は男の子がふたり。キャンプによく連れて行く。キャンピングカー購入を考えたのはこんな事情から。

※ 小川コータはミュージシャン

シンガーソングライター小川コータ。湘南・鎌倉ローカル、地域密着ウクレレフォークソングユニット「小川コータ＆とまそん」のボーカル。作曲家としてAKB48、ももいろクローバーZ、私立恵比寿中学、パク・ヨンハなどに楽曲提供もしている。

「家族でも行きますが、妻にゆっくりしてもらいたいという理由から、男だけでのキャンプにもよく行っていました。子供たちと沢山遊んだら、そのあとは撤収が待っています。テントや寝袋などのキャンプ道具。それらを片づける間も、子供たちは全力で遊びます。川や海など水の近くではやっぱり目を離したら危ない。だから撤収の必要があまりないキャンピングカーがあるといいなあ、と」

選んだ車はワーゲンバス（typeⅡ）レイトレイト。フォルクスワーゲン車のオフィシャルコーチビルダーとして数多くのキャンピングモデルを手がけたド

普段使いもできる。キャンプでも大活躍。
2通り、もしくはそれ以上の使い方ができる方がいい。

イツのキャンパーメーカー、ウエストファリア社によるキャンプ仕様の一台。
製作されたのは1977年。自身と同じ年月を生き抜いた車に一目惚れし、手
に入れた。

「日本製のキャンピングカーにはあまり興味が持てなかった。キャブコンみた
いなものだと、キャンプに行く時以外は活躍できなさそうで。僕は様々な使
い方がそれひとつでできるモノが好き。普段使いもできる。キャンプでも大
活躍。2通り、もしくはそれ以上の使い方ができる方がいい。上部が開いて
テントになる、というギミックもとても気に入っています」

古い車も好きだ、とのこと。多少のコツがいる運転も慣れれば可愛い。これ
は旧車が好きな人に多いかもしれないが、

「少しぐらいクセが強い方が、愛しいよね」

なんて言う。特徴的な空冷エンジンの音も心地よく、窓を開けて海沿いの
137号線（まさに湘南を象徴する国道。それが近所だなんて羨ましい）を走
ればそれだけで絵になる。

そして小川氏はこの車を一般に貸し出している。

「もともとは純正のキッチンが積んでありました。40年前のものなので、重いし、使える状態にするのにすんごいお金かかる。っていうか直るのかわからない。それなら自分で作ろう、と。もともとのそれを取っ払い、自分で制作したキッチンを入れた。とても使いやすいし、いい感じ。これはもう自分だけで使うのは勿体ないから、他の人に貸し出して使ってもらおう」

音楽家小川コータの別の顔。それは発明家。皆様のスマホの中で活躍中のフリック入力。その発明を彼はした。弁理士でもあり、エジソンの弟子でNEC創業者、岩垂邦彦を曽祖父に持つ。だからだろうか。ないものは作る。便利なものは人に使ってもらう。つまりは発明家の発想だ。

「このバンを人に貸し出すことによって楽しい出会いが沢山ありました。クラシックカーが好きな人が借りてくれることが多いので、皆様大事に乗ってくれます。車の話で盛り上がることも多いし、フェイスブックなどでも繋がってゆきます。車をピックアップするために、利用者はうちへ直接取りにきます。フェイストゥーフェイスでレクチャーするから結構みんなと仲よくなりますね」

前章でも紹介したCarstay。そしてカーシェアのAnyca。この両方に登録している小川氏のバン。ビジュアルの素晴らしさもあって人気車種となっている。

「もともとは妻も運転できるようにと、オートマにしたのですが、車を貸す場

合、それがいいみたいですね。沢山の人に使ってもらっています。キャンプに行く人。YouTubeの撮影に使う人。ミュージックビデオにも登場しました。維持費やガソリン代はもはや自分で稼いでくれます。ちなみに妻は一度しか運転したことありません（笑）」

自分が使おうと思っていた日に予約が入って使えない。そんな状況まであるそうだ。今後やりたいことは？

「もっと沢山のキャンプに家族と行きたい。日本縦断とかもしたいな。そのためにもちゃんと自分でその日程を確保しないと。あとはこれでツアーをまわりたい。フェスティバルに参加すれば、これが楽屋にもなるので、便利。いろいろな人が使ってくれるお陰で、きっとまた素敵なご縁にも恵まれると思う」

人と人を繋ぐ音楽。人と人を繋ぐ車。音楽を奏でながらバンが繋ぐご縁で生活が豊かになってゆく。キャンピングカーのある人生ってやっぱり素晴らしい。

"MY CAR"
Q&A

LIFE STORY:12
KOTA OGAWA

Q1. お持ちのキャンピングカーは、なんという車ですか？

A. ワーゲンバス（Volkswagen type II）を中古で購入、キッチンをDIYしました。

Q2. いつ購入した車で、どのくらいの距離走りましたか？

A. 2019年の夏に購入し、8千kmぐらい。マイル表示のODDメーターですが、何周目か不明。

Q3. ぶっちゃけいくらで買ったのですか？

A. 400万円で買って、FFヒーター、シート取付などで100万円ぐらいかかりました。

Q4. この車を選んだ理由を教えてください。

A. カッコ可愛い。乗ってて楽しい。レトロなものが好き。普段使いできる。ポップアップのギミックが楽しい。4人寝れる。

Q5. 自慢のポイントを教えてください。

A. コンロ、シンク、冷蔵庫のキッチンを自作しました。全て車から下ろせるのでキャンプでも大活躍。

Q6. このキャンピングカーは何台目ですか？

A. 1台目です。

Q7. 一番大好きな宿泊ポイントを教えてください。

A. 神奈川県愛川町の「服部牧場」です。
柵を乗り越えてヤギがやってきて、子供たちが大喜び。

■服部牧場　https://kanagawa-hattoribokujou.com/

Q8. あなたにとってキャンピングカーとは？

A. 自由をくれる翼です。

GET TO THE BOTTOM OF THINGS

"たどり着いた境地"

LIFE STORY 13

Masanobu Tsukamoto

塚本正信

No 13

MY CAR LIFE
Story

13

覗いてみてわかったこと。この世界は沼である。それも、とてつもなく奥が深い。ハマったら、さあ大変。人生きっと変わるよ。誰かにそう言われた記憶がある。

この沼の深さを一瞬で垣間見ることができるのが幕張やお台場などで開催されているキャンピングカーショー。これまで何度も足を運んだ。国内外から集められた最新のキャンピングカーたちを見るたびにため息が出た。こんな車があったら最高だろうな。家族を連れて、あの山へ行こう。仲間と板を積んでサーフトリップに行こう。想像は頭の中ではちきれんばかり。帰り道、心なしか無口になるのは、だから毎度のことである。

様々なタイプがあるキャンピングカーの世界。バンを改造してキャンピングカーにしたバンコン。トラックなどをベースにキャビン部分を取りつけたキャブコン。軽のワゴンやトラックをベースにした軽キャンパー。マイクロバスをベースにしたバスコン（今僕が使っているタイプはこれね）。一般車両に連結して使うトレーラー。そして少々珍しいがピックアップトラックの荷台に居住部分であるキャンパーを載せたトラキャン。それぞれ特徴があって、千差万別。さあ、君ならどれを選ぶ？

「過去、約40台乗り継いでここにたどり着きました。スタートはハイエースのバニング（※1）から始めて、バンコン、キャブコン、トレーラー、クラスA（アレグロ）、ハンドメイドバンなどを経て、最終的に落ち着いたのはこのトラキャンでした」

塚本正信。キャンピングカー歴約40年の大ベテラン。日産ダットサントラックにロードトレックを載せ、バイク2台を牽引しながら奥様と登場した強者。どうやってこの奥深い沼にハマったんだろうか。

「もともとは国内の自動車メーカーで車の開発を手伝っていました。レーシングカーですね。その車を運ぶ車、いわゆるトランスポーターになぜかとて

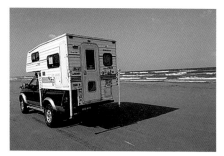

つもなく魅力を感じてしまった」

若い時から、様々な車が大好きだった。当時アメリカ文化に憧れていたこと
も相まって、60年代にバニングに傾倒。内装にソファーやシャギーを張り、
自分の好きなものを詰め込んで何台かのハイエースをバニング仕様にした。
本牧ベースや厚木ベースの友人宅を訪問して 異国文化を吸収、いつかアメ
リカを旅してこの目で雄大な地を見たい願望が芽生えた。その後、基地内
のバイク仲間に誘われ、アメリカを旅して様々なモータリゼーション文化を
目にして、バイク・キャンピングカーでの旅文化を学んだ。

楽しいと思うこと、好きなことを突き詰める過程を経て、現在の車人生へと

． ．

※1 バニング

カスタム手法の一種で、ミニバンやライトバンなどのワゴン車などワンボックスのバンをカスタムしたものを指す場合が多
い。もともとはアメリカで広まっていたもので、その手法が日本でも取り入れられている。

たどり着いた。

「最初のころは、様々なキャンピングカー（車中泊車）を、取っ替え引っ替え乗り換えていました。バニング、バンコン、トレーラー、そしてクラスAのアレグロ。トラキャンのシェルもありました。様々な経験を経て、今やっと行き着くところまできたかなという気がしています」

アメリカンなステッカーが所狭しと貼られたキャンパーを載せたピックアップトラック。オフバイク2台を積載して牽引するトレーラー。この独特の組み合わせ。ベテランならではの香りが漂う。

「サンダーバード（※2）1号2号……と呼んでいて、普段使いのダットラ君は1号、車中泊やキャンプに使用するキャンパーシェルは2号。トレーラーは3号。オフバイクは積載偵察機と呼び名を決め、今日はこの組み合わせで行こうかなんて表現を夫婦でしていました。車内には1年を通して、いるものといらないものがあり、それぞれの季節で使用するアイテムは変わりますので、必要に合わせてその都度載せ変えられるのがいい」

組み合わせの妙。それが最大の特徴で魅力。ゆったりとしたバスコンや沢山の人が就寝できるクラスAは旅先では力を発揮するが、やはり普段の生活には、まったくもって適さない。2号（キャンパー部分ですね）を外して日々の足として使えるピックアップトラックは"必要最小限"という表現がぴったり合うよく考えられたシステムの車だ。

「今、世間で人気のキャンピングカーですが、装備についてはある意味不要なものも沢山ついているかもしれない。はっきり言って必要でないものが多過ぎる。だから高くなる。お金に余裕があればなんでもできるが、常時

※2 サンダーバード

イギリスで放送されたSF人形劇（特撮テレビ番組）サンダーバード。各地で頻発する災害や事故に、国際救助隊［IR］と名乗る秘密組織が勇敢に立ち向かい、スーパー救助メカを駆使し救助する活躍を描く物語。日本でも人気を博し、特撮やアニメーションにも多大な影響を与えた。

**何もないところに必要なものを自分で考え、
不足しているものは創意工夫して補う。
まずはそんな手間を自分なりに楽しむことが大切です。**

何種類の装備品を使うんだろう。お金がなくても必要な用途にあわせて、アイデアで工夫すれば、資金不足の若い人にだって必要な装備が手にできるものだと思うから。寒い冬に出かけたいが、車にFFヒーターがついてなければダメだろうか？　ならばカセットストーブやファンヒーターを積めばいい。冷蔵庫がなければアイスボックスで代用できる。車内ランプは100均のLEDライトで大丈夫。電気用品を使用するのに蓄電力の大きいリチウムバッテリーを積みたい。まだまだ高価で30万円以上しますね。だったらAC電源のある施設、安い発電機を使えばいい。もちろん音の問題もあるが、ひと工夫して、人のいない場所へ移動してキャンプすれば問題はない。何も

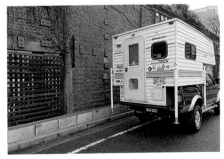

ないところに必要なものを自分で考え、不足しているものは創意工夫して補う。まずはそんな手間を自分なりに楽しむことが大切です」

いろいろな車を乗り継いできた人の意見は重い。

「豪華なキャンパーはたしかにいい。自動で何でもやってくれたら楽だしね。ただ旅先で故障するリスクも考えておかなくてはいけません。日頃のメンテナンスが大事。たとえばパワーウインドウ。電源が落ちたら窓の開け閉めができないでしょ。だから僕のキャンパーを固定していた足は、電動をやめて手動に改造した。電動だと壊れる可能性があるから。多少不便だけれど、楽しみながら自分でグルグルやればいい。大事なのはなんかあった時に回避できる選択肢を豊富に持つこと」

沢山の旅をして、車を乗り継いでたどり着いた答え……勉強になります。

「今思うこと。キャンピングカーのマナーについてグッドマナーを教えてくれる人がまだまだ少ない。旅先でいろいろな人と出会ってきたが、バッドマナーを注意すると、ルールを知らないで、怒ったり、なんで? と言う人もいる。せっかくいい車に乗って楽しんでいるのだから、ひとりひとりがマナーを守って、楽しまなくてはいけない。せっかくのキャンピングカーライフだからね」

旅は出会いだ。同じキャンピングカーを愛する人同士が旅先で出会い、交流する。楽しんだ場所や車についての知識交換は、それ自体に価値があるし、キャンピングカー生活における苦労話はいつだって花が咲く。気持ちいいい出会いは、さらにキャンピングカーライフを彩ってくれる。この素敵な沼はたしかにとてつもなく深いけれど、でも気持ちのいい深さと僕は思う。塚本氏の言葉はだからとても沁みた。こんな大人になりたいと。

"MY CAR"
Q&A

LIFE STORY:13
MASANOBU TSUKAMOTO

Q1. お持ちのキャンピングカーは、なんという車ですか?

A.「ダットサン・Wピック＋グラントレック」です。

Q2. いつ購入した車で、どのくらいの距離走りましたか?

A. 購入から20年程経過しています。

Q3. ぶっちゃけいくらで買ったのですか?

A. 当時のシェル価格はオプションなしで120万円でしたが、オプション代が（涙）。プラス積載車であるダットラの価格ですね。

Q4. この車を選んだ理由を教えてください。

A. 車輌とシェルを脱着できること。
お洒落なアメリカンなスタイルと、何通りにも使える利便性。

Q5. 自慢のポイントを教えてください。

A. ライフスタイルにあった車輌の利便性と、必要に応じて選択できる装備品。

Q6. このキャンピングカーは何台目ですか?

A. 40年代のバニング時代から数えると数十台目……。
ちなみにトラキャンは2台目です。

Q7. 一番大好きな宿泊ポイントを教えてください。

A. 車中泊がメインの車なので、お気に入りは、山梨県にある「RVパーク 甲州市勝沼 ぶどうの丘」です。

■ぶどうの丘　https://budounooka.com/

Q8. あなたにとってキャンピングカーとは?

A. 大人のロマン&ホビーです。

FIREWORKS
MAKE
LIFE HAPPY

"花火で世界を幸せに"

Isao Soma

相馬功

14

CAMPING CAR LIFE

テレワーク。2020年、様々なモノを失った僕らが手に入れた武器の一つ。

「離れたところで働く」

テレはtele。離れたところという意味。似たような言葉でリモートワークがあげられるが、こちらは remote、つまり遠隔。チームで働くという意味合いが強くなるのかな。とにかく、時代は加速している。

「ワーケーションを進めています。この車はそのためのもの」

ワークとバケーションを一つにした造語。そしてそのための車がワーケーションビークル。つまりキャンピングカー。時間や場所にとらわれない多様な働き方を提唱し、自ら実践している人、相馬功。

「もともとはバリバリのサラリーマンでした。5年前に独立し、今はワーケーションを行いながら多くの人にこの生活様式を伝えるための様々な仕事、プロジェクトを行っています」

きっかけは大好きな花火。日本中の様々な花火大会を見に行った。そして好きが高じて自らも花火師となった。キャンピングカーはそのために必要な最強の武器。様々な場所へそれに乗って足を伸ばした。

地域のお祭りや運動会など、打ち上げ花火で演出する任意団体、疾風迅雷組（※）を立ち上げた。本業の傍、日本の様々な場所へキャンピングカーで赴き、ボランティアで花火を打ち上げている。

「様々なイベントで花火を上げています。小学校や幼稚園、プロポーズの演出も。キャンピングカーで全国の著名な花火大会も行っています」

花火が行われる場所はそれこそ様々。海、川、イベント会場、校庭、キャンプ場、夏祭りなど。場所を選ばないキャンピングカーならではの機動力が花火師としての相馬氏を支え、またオフィスとして機能している。

「この車を通して沢山の人と繋がることができました。イベントを自分たち

※疾風迅雷組

花火師の資格(煙火打上従事者)を持つ、非営利の煙火打上任意団体。4号玉(直径約12cm)程度までのちょっとしたプライベート花火大会を企画・実施している。

https://www.shippujinrai.com

キャンピングカーに乗るなら一日でも早く。
心配することは何もないです。

で沢山企画して花火を上げています。手伝ってくれるのはその仲間たち。毎年キャンピングカー乗りたちを5〜60人集めて独自の花火大会も行っています。花火とキャンピングカーは相性がいい」

どこへでも自由に出かけて行って、ホテルなどの宿泊を気にすることなく楽しむ。花火の翌日はその場でリモートワークも可能。たしかに相性は抜群。そんなこともっと前から知っていたら人生変わった人、多いかも。

「キャンピングカーに乗るなら一日でも早く。心配することは何もないです。釣りでも、写真でも、鉄道でも、そして花火でも。趣味が何か一つあったらそれを加速させてくれますね。同じ志をもった多くの人との交流。キャンピングカーはそれをさらに深いところへ連れて行ってくれる気がする」

集まった同じ趣味の人たち。得意なこと様々。料理をする人がいて、お酒を振舞う人がいて、花火を上げる人がいて。それがいつかコミュニティとなる。楽しんだあとは、

「また来年の同じ日、ここで」

そんな言葉で別々の場所へ。いいね。

「花火で世界を幸せに」

相馬氏からのメッセージ。オフィスを離れ、自由に移動。大好きな花火で人々を笑顔に。これからもこの活動で多くの人を支えて欲しい。激しく変わる世の中だけど、花火はきっとずっと変わらないから。

"MY CAR"
Q&A

LIFE STORY:14
ISAO SOMA

- -

Q1. お持ちのキャンピングカーは、なんという車ですか?

A. クレソンボヤージュ EVOLITE(ナッツRV) ディーゼル四駆。
https://elmonterv-japan.com/jprental/vehicles/cressonvoyage/
新車で購入し、屋上ソーラー (320W)はDIYで取りつけました。

- -

Q2. いつ購入した車で、どのくらいの距離走りましたか?

A. 2019年10月から、1年半ほどで1.8万kmほど走っています。前車はガソリンでしたが、本車はディーゼルなので登り坂なども快適です。

- -

Q3. ぶっちゃけいくらで買ったのですか?

A. 新車購入(エアコン、FFなど標準装備)で、800万円強でした。

- -

Q4. この車を選んだ理由を教えてください。

A. 仕事でも年中使うので、夏場停車中にエアコンで冷やせるバッテリーシステムと家庭用エアコン装備必須。前車ガソリンで高速の登坂車線ノロノロなど走りが不満だったのでディーゼルに。花火の打上現場などぬかるみを走ることもあり

四駆に。車内レイアウトは5人家族や花火師連中がセパレートで快適に寝られるよう、広いバンクベッド、後ろ二段ベッド、ダイネット展開ベッド。災害時などでも活用できるようマルチルームつきにし、ポータブルトイレを設置しました。

Q5. 自慢のポイントを教えてください。

A. 家庭用エアコンは、もはや最近の車では標準になってきてますが、それを補助するDIY設置のソーラーはフレキシブル160W×2枚を屋上にピッタリときれいに収めることができました（地上からはソーラー取りつけているかどうか見えません）。また、キャンプ時にサイドオーニングと組み合わせて使えるサファリルームを市販のシートで自作、薪ストーブをインストールできるようにし、グランドシート、ラグ、豆炭コタツで、お座敷モードでのんびりできる冬キャンプ仕様が自慢です！

Q6. このキャンピングカーは何台目ですか？

A. 2台目です。前車も現車同様カムロード（トヨタのトラック）ベースのキャブコンでしたが、仕事でキャンピングカーを使ったワーケーション普及に取り組み始めたこともあり、夏の暑さも快適に過ごしたいので買い換えました。前車は2004年製造のものを2007年に中古で購入し13年ほど乗りましたが、中古で200万円で売却することができました。

Q7. 一番大好きな宿泊ポイントを教えてください。

A. 茨城県の大子町「キャンプ村やなせ」です。久慈川沿いの簡素で広々とした昔ながらのキャンプ場です。15年以上前からプライベートな花火キャンプイベントを開催させてもらっていて、すっかり第二の故郷という感じです。川遊び、カヌーなどもでき、特に対岸の支流が綺麗で気持ちいいです。

■キャンプ村やなせ　https://yanase.camp

Q8. あなたにとってキャンピングカーとは？

A. 遊びも仕事も、人生の振り幅を最大限に広げる、なくてはならない動く我が家です。

LEAP BEFORE YOU LOOK

"見る前に飛べ"

LIFE STORY: 15

Yuichi Hatakeyama

畠山友一

どうやったら生活にキャンピングカーを取り入れることができるのか。もちろん興味があるから、こんな本を手に取ってくださっているのだろうけれど、実際その生活を始めようと思ったら、様々な壁にぶち当たる。

まずは資金のこと。もちろん仕事。そして家庭。僕のケースを例にしておすすめすると、

「ミュージシャンなんて参考にならない」

なんて言われる。

「僕だって一生懸命働いて、お金を貯めて、家族サービスも精一杯しているんだ」

そう言ったところでどうも受け手は腑に落ちていない様子。仕方がない。

この人を例にあげよう。畠山友一。旅と海、そして家族を愛する二児の父。

キャンピングカーとの出会いは、まだ長男が保育園の時のこと。きっと小学

校へ上がったら、時間が取れず難しくなるだろう。そんな理由で男ふたりの

旅に出た。選んだ地は四国。所有していたアルファードで車中泊をしな

がらの1週間。そこで価値観が変わった。

「本当に楽しい時間でした。素晴らしい景色を見ながら沢山話をして、車の

中で寝た。これはもういろんな楽しみができる。そう思ったらいてもたって

もいられなくなりました。旅から帰ったらすぐに車を買い替えた。それが1

台目のキャンピングカー。ハイエースのスーパロング。ダーウィンQ3。こ

れだったら家族4人でどこへだって行ける」

特に潤沢な資金があるわけではなかったと畠山氏は言う。アルファードを手放して、残りを妻の貯金でまかなった。

「毎週のようにキャンピングカーで出かけました。金曜の夜に出る。子供をお風呂に入れてから出発します。いつ眠ってもいいように。今日は東北道へ行こうか。それとも東名高速か。道だけ決めてあとは気の向くままに。疲れたら眠る。日曜まで遊んで昼には帰宅。そうすれば渋滞はないし、仕事にも影響はありません」

畠山氏は企業向け業務管理ソフトの開発やシステムの提供をする会社の経営者（※1）。社員も10名ほどかかえている。

「もともと打ち合わせ以外、自分のテンポで働くことができる環境だったので、時間は割と融通がきくほうでしたね。コロナになって基本リモートになったから余計に。キャンピングカーだと電気もあるし、テザリングでZoomも使える。仕事にも使える車となりました」

現在乗っている車はトラックキャンパー。通称"トラキャン"。ピックアップトラックの荷台に居住部分のキャンパーを乗せる日本では珍しいタイプ。生活空間はキャブコンなどに比べると狭くなるが、走行性は極めて高い。高速の

※1 会社の経営者

畠山氏が代表を務めるBizer株式会社は、「忙しいをテクノロジーで解決する」会社。起業後まもないスタートアップ、仕事に追われる管理部門、その他いろいろな忙しいチームの生産性向上をお手伝いするサービス「Bizer」「Bizer team」を提供している。

https://bizer.jp/

安定性、ロードノイズの少なさ。四輪駆動車ならではの足まわりがとにかく魅力的。荒れた砂地や雪道もまったく問題なく進むことができる。キャンピングカーでそれが可能な唯一の車種と言っていい。家族の冒険にはもってこい。

「トラキャンに乗り換えるにあたっては、家族にいっさい相談しませんでした。それぐらい夢中になっていたので。まずはベースの車を購入。そしてキャンパー部分は注文で。ハイエースからだとサイズはずい分大きくなります。つまりそれまで住んでいた東京の自宅の駐車場に停めることができなくなるので、必然的に引っ越しですね。それを子供たちに伝えたのが12月ごろ。キャンパー部分がやってくる新しい季節、次の春には転校することになります、と言いました」

ずいぶん勝手な父ちゃんだ。それで家族は納得したのだろうか。

「子供たちは、せめて卒業まで元の小学校にいたいと言っていたが、駐車場に置けないから、ごめんよ、と。妻にもたしかいろいろ言われたと思うが、キャンパーとの生活を考えたらワクワクしかなかった」

突っ走る父ちゃん。行動力の塊で破天荒。その背中を見ていると子供はどんな感じに育つのだろう。

「車で沢山一緒に過ごしていますから、僕が働いている姿をよく見ています。今中学一年生ですが、プログラミングを独学で学び、動画編集などもしています。すでに僕の知らないところから自分で仕事を得て、その編集で稼い

※2 N高、N中
学校法人角川ドワンゴ学園が運営するネットと通信制高校の制度を活用した"ネットの高校"。N高等学校・S高等学校(通信制高校 広域・単位制)。プログレッシブスクール(フリースクール)のN中等部もある。
■N高等学校・S高等学校　https://nnn.ed.jp/
■N中等部　https://n-jr.jp/

N高等学校・S高等学校

N中等部

だりもしています。株式投資にも興味があるので、日経新聞は毎日読んでいますよ」

恐れ入りました。これから一体どんなところへ向かうのだろうか。

「いつかトラックキャンパーを乗り換えて、モーターホームに住みたいと思っています。下の子が小学校を卒業するまでは1LDKあたりを借りておいて。その時がきたら大きなキャンピングカーで暮らす。子供たちの学校はオンライン（N高、N中 ※2）。住む場所にとらわれず、自由に、楽しみながら家族で暮らしたいです」

キャンピングカー生活の始め方。アナタは畠山氏の話、腑に落ちましたか。
何も別に、
「住むところまで車にしよう」

タイムマシーンがあったら当時の僕に言いたい。
高級車じゃなくたっていい。
ボロでいいからキャンピングカーのある人生を送るべき。

なんて大袈裟な話じゃなかったんだけれども。振り切れていて、僕は話を聞いているあいだ中、ずっと腹をかかえて笑っていた。こんな話を聞いたあとなら、たまに乗るぐらいだったら、なんでもない。そう思いませんか？

「世の中結構高い外車に乗っている人がいる。僕が乗っていたアルファードだって500万円ぐらいはしました。それにちょっとつけ足すぐらいでキャンピングカーは買える。つまり資金の問題ではないですね。仕事も今、世の中コロナでこの状況ですから人によっては僕のように職場としても機能します。家族には楽しい場所を沢山見せることで納得してもらいましょう」

印象的な畠山氏の言葉。キャンピングカー生活での失敗や後悔を聞いた時のこと。

「なんでもっと早く買わなかったのか。親になる前、もっと言うと独身の時。これがあったら人生もっと素晴らしかったと思う。タイムマシンがあったら当時の僕に言いたい。高級車じゃなくたっていい。ボロでいいからキャンピングカーのある人生を送るべき」

思い立ったが吉日。悩んでいる場合じゃないよ。畠山氏のメッセージ。もうこうなったら、見る前に飛べ、だ。

さあ、君はどうする？

"MY CAR"
Q&A

LIFE STORY:15
YUICHI HATAKEYAMA

Q1. お持ちのキャンピングカーは、なんという車ですか?

A. トヨタのハイラックスに、ミスティック社のJ-CabinHNというトラックキャンパーを載せています。内装は白ベースに、外装はブラックにオールペンしました。

Q2. いつ購入した車で、どのくらいの距離走りましたか?

A. ハイラックスは2019年1月に購入し、現在5万km走行。トラックキャンパーは同時期にオーダーして10ヶ月ほど待って2019年11月に納品されました。

Q3. ぶっちゃけいくらで買ったのですか?

A. ハイラックスは新車購入して、荷台はLINE-X加工して500万円ほど。トラックキャンパーはベースが250万円くらいだと思いますが、電子レンジ、冷蔵庫、水まわり、FFヒーター、アクリル窓、ブラックペイント、電動ジャッキなどで200万円ほど。あとは積載時の対応でエアサスや固定するためのターンバックルなどで50万円くらい、総額500万円。トータル1000万円ほどです。

Q4. この車を選んだ理由を教えてください。

A. 以前はハイラックスベースのキャンピングカーに乗って全国を旅していましたが、2WDだったこともあり冬に雪のあるところに行くのが困難でした。そこで冬の雪も気にせずに、道なき道を自由に走って楽しめるキャンピングカーにしたいと思い、トラックキャンパーを選択しました。また、珍しくてほとんど遭遇することもないので自分らしさを存分に発揮できるところも魅力だと思っています。

Q5. 自慢のポイントを教えてください。

A. とにかくどこでも走っていける安心感。そしてハイラックスはキャンパーを搭載していても走行性も充分で、高速走行も坂道もまったくストレスになりません。北は北海道、南は鹿児島まで走っていますが、運転も疲れることなく長時間走れます。キャンピングカーでは珍しいオールブラックもお気に入りです。基本的に熱吸収から白をベースにすることが多いと思いますが、個人的には黒でも特に熱がこもるということは感じていません。黒にしてどう?という質問はinstagramでよく海外のキャンパー乗りの方から相談を受けます(笑)。

Q6. このキャンピングカーは何台目ですか?

A. 2台目です。前述の通り、冬のタフな遊びに備えての乗り換えとなります。

Q7. 一番大好きな宿泊ポイントを教えてください。

A. 冬の北海道、知床半島が、ほとんど人がいなくて静かでよかったです。宿泊したのは道の駅「うとろ・シリエトク」ですが、プユニ岬から見る夕陽は最高でした。

Q8. あなたにとってキャンピングカーとは?

A. 時間と場所を問わず、いつでもどこでも生活できるライフギアといったところでしょうか。普段からいろいろなところでワーケーションをしていますが、それもほとんどキャンピングカー内です。とにかくあらゆる制限から解放されて自由度が高いというのが私にとって最も重要だと思っています。

「GAKU号との出会い」

A wonderful encounter with "GAKU"

BY GAKU-MC

のちに妻となった女性との旅を成功させた僕。その経験は胸の中にあった
キャンピングカーに対するハードルをとにかく下げた。

どこへだって行けるし、誰にだって使える。

友人との旅だってきっと最高だし、ましてや自分の仕事に取り入れること
だってできるじゃん。そうして僕はライブツアーをキャンピングカーで行う
ようになった。

最初の年は友人が所有する車を借りた。クラスC（※1）。左ハンドルの
フォード車がベースとなっていて運転席の上にバンクベッドがあるタイプ。

サイズもかなり大きく、走っていれば誰もが振り返る。

「やあ！」

キャンピングカー同士がすれ違う時、運転席から手をあげてお互い挨拶する風習があるのだが、この車のお陰でその時に感じる優越感は凄まじいものがあった。

「いいでしょ、僕らのコレ」

なんて具合に。

この車に乗って、東京から九州。様々な場所を巡り音楽を奏でた。そして最後は福島県でライブ（時は2011年秋。東日本大震災復興支援を目的とするライブツアーだった。この旅が後にアカリトライブ（※2）となり、今でも日本を元気にする音楽イベントとして続けている）

拍車がかかったのは2017年から。ツアーのためにキャンピングカーをレンタルするようになる。最新式のキャブコンを借りることが多かったが、すすめられてバーストナー社（※3）が作ったベンツベースのキャンピングカーを使ったことも。乗り換えた車種は10台以上。この機能最高。これはなくて

※1 クラスC

キャンピングカーにはA、B、Cの3つのクラスがあり、キャブつきシャシー（ピックアップトラック、SUV、及びワンボックス型車をベースにしたもの）にキャビンを架装メーカーが製造したものをクラスCと呼ぶ。キャブコンバージョン、通称「キャブコン」と呼ばれることも。

※2 アカリトライブ

ラッパー GAKU-MCが中心となり、2011年より続けている日本を元気にするための音楽イベント。開催場所は全国各地で。キャンドルのアカリを灯し、そのアカリでライブを行なっている。各地、各会場の来場者たちによって書かれたキャンドルメッセージホルダー。それらを毎年被災地へ届け、言葉を繋いでいる。https://www.akalitolive.com

※3 バーストナー社

ドイツを代表するキャンピングカービルダー。1924年に家具づくりで社業を興し、50年代からキャンピングカーをつくり始めた欧州屈指の専門メーカー。

もいいかも。サイズに関しては一長一短ありますね、など。沢山の車に乗ったお陰で気づいたことが多々あった。そんなおり、素敵なお声がけをいただいた。

2018ジャパンキャンピングカーショー普及貢献賞受賞。この賞はRV・キャンピングカーで楽しむ車旅の啓蒙・普及を目的として、貢献した著名人に送られるもので、普段から音楽ツアーをキャンピングカーで行なっているため、僕が選ばれた。

そして翌年、さらに驚く賞をいただいた。

カートラジャパン2019アンバサダー。

この賞は普段から車を使いカートラベル文化に貢献し、魅力を発信している人物、ということで選んでいただいた。その副賞がGAKU号。僕にとってはこの上ない夢のような話だ。

「なんでもリクエストしてください。可能な限りその希望を叶えます」

実行委員会担当者と共に現れた日本のトップキャンピングカービルダー、トイファクトリー藤井氏は笑顔で僕にそう言った。

「こんな夢みたいな話、あっていいんですか」

打ち合わせのテーブルで何度も僕はそう言った。

いろいろと考えて、リクエストしたのは大まかに言って三項目。

1つ目。ツアーメンバー想定は4人。なので、大人4人がそれぞれシングルベッドで眠れること。過去の旅では度々、男同士がダブルベッドで眠らなくてはいけなかった。せっかくの素晴らしいベッドも男ふたりではやっぱり窮屈で微妙。だからここはマストでお願いした。

2つ目。音楽機材が入るためのスペースを確保すること。ツアーではとにかく持ちまわる機材が多い。ドラムセット。キーボード。このあたりが大きめなサイズの楽器となるが、それらが入るスペースは必須。各ケースのサ

イズを細かく計り、リアのドアから出し入れしやすいように作って欲しい、と伝えた。

3つ目。内装はできれば温かみを感じることができる木を希望。これは単に僕の趣味。自宅もそうだがやはり木に囲まれていると落ち着くことができるので、リクエスト。

さあ、どんな車がやってくるのだろう。僕はウキウキしながら、そのできあがりを待った。

そして出会いの日がやってきた。幕張メッセで開催されたカートラジャパン2019。そのメイン会場中央にこの車が鎮座していた。作られたポップに、GAKU号と書いてある。この時の感動を僕は忘れない。

GAKU号。ベースはトヨタコースター。乗組定員は6名。トイレがあり、リビングにはレイアウト変更が可能なテーブルを装備。移動時には2列目が前を向き、食事などのタイミングでは後ろ向きとなり、4人がけテーブルとな

る。また、このテーブルは就寝時ベッドにもなる。基本４人の旅なので、夜も机のままにしてはいるが、急な来客などの時はサブベッドとしても活躍。

電子レンジ、冷蔵庫、シンク、ガス調理台を完備しており、キャンピングカーとしての性能はマックス。トイファクトリーオリジナルのオールインフォメーションボードはとにかく優秀で天井に設置されたソーラーパネルと共に使うと、快適な車暮らしが約束される。寒い冬の間でも一晩中FFヒーターを稼働させていてもなんの問題もなかった。もちろん夏場はクーラーに対応。充電状況、メイン/サブバッテリーの残量、インバーターのON/OFFから各電気設備の全てのコントロールまで手元で管理。これには心から感動した。車体の横にはサイドオーニング。天井にはポップアップテントを装備。自然の中で確実に威力を発揮するだろう。ただただため息が出た。

一番のこだわりだったシングルベッド４つ。これに関しては配置をあえて少しずらした位置に。斜にすることで、目を覚ました時に、並んだふたりの目線が合わないように配慮した、とのこと。素晴らしいアイデアだと思った。

「スペースシャトルの構造からヒントを得ました」

そう言った藤井氏の笑顔が最高だった。

車内をあたたかく包んでいるのは香り豊かなヒノキ。トイファクトリー本社がある岐阜産の間伐材を使うことで、地域貢献も果たしている。とにかく驚きの連続。これを僕は、

「1年間使い放題」

そう言われる。ね、夢見たいな話でしょ。

これがGAKU号の概要。値段は知らない（トイファクトリー最上級モデルで同じ車種のロングを使っているSeven Seas が2000万円を超えてくる。注文でオプションを山盛り積んだオリジナルバージョンとなるのできっと買ったらお値段はそれ以上だと僕は予想）。お金に余裕がある方、ぜひトライし

てみて。誰がなんと言おうとこれ以上の車はありません。最高の一言です。
この GAKU号を使っての全国音楽旅。2019年度のライブツアーはそれま
でのどの旅よりも思い出に残った。キャンピングカーに乗って各地へ。行く
先々で沢山のファンの皆さんがこの車に手を振ってくれた。興味津々で覗い
ていく人も多数（その度に中を見せてあげたよ）。どの会場も大盛り上がり
でツアーは大成功を納めた。
GAKU号を使えることができるのは2019年9月より1年。その間できる限
り沢山の旅をしよう。出会いに満ち溢れた時間にしよう。そう心に決めて、
そのライブツアーを終えた。

GAKU号をYouTubeにて紹介しています。
音楽ツアーにキャンピングカーを！
https://youtu.be/qrzgYR8WvSA

16

CAMPING CAR LIFE

FAMILY TIES

"家族の絆"

LIFE STORY: 16

Akifumi Fujii

藤井昭文

No 16
MY CAR LIFE
Story

それにしても悩ましい。何がって、それは選択肢の数。数多くあるキャンピングカーの中から自分にあった究極の1台。それを見つけること。ネットやカタログをすり減るほど見続けさえすれば、その答えは出るのだろうか。いやきっと難しい。実際に使ってみたい。バンクベッドのあるキャブコンか。小まわりの利くバンコンか。いっそのことトレーラーを買って自分の車で引っ張るか。あれもいい。この車も捨てがたい。その1台を手に入れさえすれば、家族で自由な旅ができる。可能性は無限大。想像は膨らむ。気がつけばまた妄想時間が過ぎてゆく。

こうなったら日本のトップビルダーに聞いてみよう。僕がツアーで使っていたキャンピングカー GAKU号。それを作ってくれたご本人に。

藤井昭文。キャンピングカー専門誌『AutoCamper』が主催する『キャンピングカー・オブ・ザ・イヤー』で過去3度、大賞を受賞するなど、日本を代表するキャンピングカービルダーのひとりであり、日本のトップメーカー、トイファクトリー（※1）の代表者。まずは藤井氏の車との出会いについて聞いてみた。

「子供のころの記憶です。父が連れて行ってくれる旅行は全て車旅でした。ワンボックスを改造したバン。ベッドがあって、お手製の流し台があって、絨毯も敷いて。車に全てを詰め込んで旅に出る。オートキャンプという言葉やスタイルが一般化するずっと昔の話です。内装業を営んで忙しく働いていた父が週末になるたびに僕らをいろいろなところへ連れて行ってくれました。いい思い出です」

経済成長著しい当時の日本。平日は毎晩遅くまで働いていた藤井父。土曜の夜、少しだけ早く帰ってきては、パジャマのままの子供たちをそのまま車に乗せて海へと走らせた。

「海のない県に育ちましたけれど、僕ら家族は毎週のように行っていました。朝起きたらなぜか目の前は海。そんな記憶です」

中学に入ると、父のお手製キャンピングカーの改造を手伝うようになる。高校は工業高校の建築科。デザインの勉強をしながら車内のデザインにも興味が湧いた。このころには父の車の内装について様々な提案をするようにもなった。高校卒業後はインテリアデザインの専門学校へ。

「専門学校で転機が訪れました。オートバイで事故に巻き込まれ、長期入院となりました」

突きつけられたチョイスはふたつ。留年か、辞めるか。いろいろと悩んだ末に出した答えは退学。当時アルバイトしていた会社にお世話になることとなる。

「ここ、実は車のカスタムをする会社でした。そこでイチから車作りを学ば

※1 トイファクトリー

岐阜県可児市の地において、一台のハイエースを改造することから始まり、先進的なキャンピングカーを続々と送り出してきたトイファクトリー。「中途半端なものづくりは行わない」という精神で、常に成長し改善を重ねながら、高い完成度を誇るキャンピングカーを生み出し続けている。https://toy-factory.jp/

悩んでいるなら1日でも早く乗ったほうがいい。
家族、恋人、友達。どんな形でも車旅は絆が深まります。

せてもらいました」

車作りを学びながら、自分の作りたい車、つまりキャンピングカーへの情熱が強くなったと藤井氏は言う。

「できるだけシンプルで広く眠ることができ、沢山の荷物を乗せられる車を作りたい」

沢山のことを学び会社を退社。起業するために約2年間トラックドライバーとして働き、資金を調達。1500万円を貯めた。また様々な折衝ができるようにと新たに輸入アパレル商社へ就職。輸入の心得。営業のノウハウを学び、そして24歳で独立。トイファクトリーを設立した。

「250坪の土地を買って、物置に最低限の道具を入れて、朝から晩までひとりで車をいじっていました」

ひとりで始まったトイファクトリー。現在は設立26年目で業界シェアはトップクラス。従業員数も90名を超えた。

「あっという間の26年でした」

さあ、買おうと思っている人へのアドバイス、聞こう。

「悩んでいるなら1日でも早く乗ったほうがいい。家族、恋人、友達。どんな形でも車旅は絆が深まります。今までのお客様たちにもよく言われますが、『購入する時にいろいろと迷ったこともあるけれど、あの時買っておいてよかったよ』と。子供が成長して、旅の目的もかわり、一旦キャンピングカーを手放す方もいらっしゃいます。その時に泣かれる方、多いです。思い出が沢山詰まっているんですね」

人生にキャンピングカーを取り入れる。

「自由気まま。その言葉の通りです」

そう藤井氏は言う。

「旅行会社を使ったツアー。それはそれでいいところがもちろんある。だけど、自分の行き先を自分で決めながらの旅はまた格別です。天気を見ながら、自由に進む。全ては自己責任ですが、楽しみ方は無限大。今日は海、明日は涼しい高原。街中だって自由自在ですからね」

車業界は今100年に一度の大変革期なんだそう。自動運転化技術の躍進。GAFA（※2）の参入。目まぐるしく変わる状況の中で藤井氏の思う未来はどんなものなのだろう。

「トイファクトリーとしてどんな出会い、ご縁があるか。それが楽しみです。新しい時代の中でメーカーとして個性が出る、ワクワクしたものづくりを続けていきたい。自分たちの得意なところをみんなでドッキングさせながら、日本のものづくりのよさを、世界に見せつけなきゃいけない」

自動運転化されたキャンピングカーが走る未来。もしかしたらそんな遠い話じゃないのかも。キラキラと話す藤井氏を見ていたらそんな未来は実はもうすぐなんじゃないか、と思えてきた。

「パジャマのまま寝ていたのに朝起きたら目の前が海」

藤井ファミリーの甘い記憶が元になり、AIの躍進とトイファクトリーの技術が出会えば、そんな車が生まれるかもしれない。

そうしたらまた悩むね。

「どんなキャンピングカーにしようかな。自分にとっての"究極の1台"は？」

この問いの回答は僕もまだ出ていない。きっとこの答えは家族の絆にヒントがあるような気がする。作り手の想い。それを使う人たちの想い。想いと想いが交差して、そしてそれが然るべきタイミングで出会ったなら、それがあなたにとっての最高の1台。僕はそう思う。大丈夫。きっと出会うよ。

※2 GAFA

アメリカの主要IT企業で
あるグーグル（Google）、
アマゾン（Amazon）、フェ
イスブック（Facebook）、
アップル（Apple）4社の
頭文字を取った略称。読
みは「ガーファ」。

"MY CAR" Q&A

LIFE STORY:16
AKIFUMI FUJII

Q1. お持ちのキャンピングカーは、なんという車ですか？

A. 「BADEN CASA OVERLANDER Eurasia オリジナル diesel 4WD」です。ベース車両は、トイファクトリー「BADEN [Casa Home Style Edition]」。
https://toy-factory.jp/lineup/2020/01/baden-casa-home-style-edition.php
この車両をベースに、ユーラシア大陸横断の計画を基に、足まわり、ルーフキャリア、サイドラダーなど、強化して製作を行った車両です。

Q2. いつ購入した車で、どのくらいの距離走りましたか？

A. 今まで歴代のハイエースで100万kmは走っています！ 今回は下ろしたて（2021年5月）で、もうすぐ1万kmです。

Q3. ぶっちゃけいくらで買ったのですか？

A. 見た目だけではなくボディー特殊塗装、オーバーフェンダー、T-SR101（https://toy-factory.jp/parts_lp/）、T-SR オーリンズ ショックアブソーバー [TOYチューニング]、WING SPOILER、T-SR フロント強化スタビライザー（4WD用）、T-SR アジャスタブル・リヤスタビライザー [W/Sロング用]、T-SR 強化ブレーキローター、T-SR 強化ブレーキパット、オフロード用タイヤなど足まわりのフルチューンからオーバーランダー用、大型オリジナルキャリア、オリジナルサイドラダー、ソーラーパネルなど、外装に至るまで、自分で製作したのでコストはわかりません。……が、新車製作すれば900万円ぐらいだと思います。

Q4. この車を選んだ理由を教えてください。

A. トイファクトリーのバンコンだから!(笑)自分が設計を行い育ててきた車両だから、思い入れはとても強い車両です。今まで3000台以上は出荷されていることが証明している通り、とにかく使い勝手が抜群。見えない場所へのこだわりの断熱性能はもちろん、家具の造り込み、3cmくらいの小さなパーツ一つとっても金型から製作を行い、とにかくこだわっています。なので安全安心して使うことができる車両です。このサイズだから丁度いい乗り回し感や抜群の走行安定性は最高です。

Q5. 自慢のポイントを教えてください。

A. ユーラシア大陸横断にも耐えうる、ハードな足まわり、内装、断熱、電装設備と、全てがお気に入りです。

Q6. このキャンピングカーは何台目ですか?

A. バンコン7台+バスコン1台+キャブコン国産ベース1台、キャブコン海外ベース1台の計10台です。途中、国産ベースのキャブコンを自社製作して乗ったこともありますが、走行安定性、ブレーキ性能、何よりも重量過多な部分があり、ベース車自体の性能が私の好みではなく現在に至っている。外車ベースのキャブコンは最高でした! でもバンコンが大好きです。

Q7. 一番大好きな宿泊ポイントを教えてください。

A. あまり観光地でない所が好きです。国内では北海道、大雪山付近のキャンプ場や、道東の何気ない場所、九州鹿児島の開聞岳山川温泉周辺、地元の乗鞍温泉あたりも……。海外ではワールドソーラーチャレンジに並走して、オーストラリアのダーウィンからシュチュワートハイウェイを南下してアデレードまで約3000kmをバーデンで走った時に野宿したアリスフィールド付近も最高でした!ゴメンナサイ、旅の全てで出会った場所が思い出なので、選びきれません。

Q8. あなたにとってキャンピングカーとは?

A. 相棒であり、人生です!

17

CAMPING CAR LIFE

PREPARE YOURSELF

"覚悟を決める"

LIFE STORY: 17

Ayumu Takahashi

高橋歩

高橋歩から僕は沢山のことを学んだ。

彼の言葉、「必要なのは勇気ではなく、覚悟。決めてしまえ
ば、すべては動き始める」

これが特に好き。うん、わかる。それこそ僕はこれまで沢山の夢に届かな
かった。幼少期の宇宙飛行士。小学校からはサッカー選手。入りたかった
第一志望の大学には行けなかった。一言で言えば覚悟が足りなかった。

「絶対にその夢にたどり着くんだ」

その決断。

数々の挫折をして、その度あきらめて、紆余曲折があって今の僕がいる。

彼の本。インパクトのある美しい写真とシンプルで力強い言葉が並ぶ。日
常で自分を失いそうになった時、何が自分にとって大事なのか。それを瞬
時に思い出させてくれる。

妻とふたりで世界一周した時に書いた著書『LOVE&FREE（※1）』。この本
で僕は高橋歩を知った。立ち上げた出版社を友人に譲り、旅先で書いた言
葉と写真。26歳の彼の行動力。本当にまぶしく見えた。

「大好きだった妻さやかと結婚する。結婚にあたりなんでも彼女の夢を叶え
てあげると約束した。そう言ってしまった、という感じ」

当時、銀座のOLとしてバリバリ働いていたという未来の奥様。その彼女の
希望した回答、"夢"が凄くいい。

「歩とふたりで世界一周したい」

夢から逃げない高橋歩。早速これを実行することとなる。半年間必死にふ
たりでアルバイト。お金を貯めた。そして結婚式の3日後、バックパックを
背負ってふたりで出国。英語も話せない、今みたいにスマホもネットもな
い、20世紀末の大冒険。南極から北極まで世界数十カ国を約2年間かけて
の旅だった。

※1 LOVE&FREE

LOVE&FREE
〜世界の路上に落ちていた言葉〜
（サンクチュアリ出版）

南極から北極まで、気の向くままに
80ヵ国を旅して歩いた2年間、世界
一周冒険旅行の記録。世界の路上の
片隅から拾い集めた「LOVE&FREE」
のカケラがいっぱい詰まっている。こ
の本を読むと、海を越えて旅に出た
くなる。

旅先で生まれた 彼の著書『LOVE&FREE』。この本のヒットから、さらに勢いをつけて高橋歩は走り続けた。彼のプロフィール（※2）を見るといい。彼が叶えた沢山の"夢"が並んでいる。

さあ、キャンピングカー。家族と共にそれで巡った旅の話を教えて。

「結婚10周年が近づいたころ、さやかが言ったんだ。スイートテン・ダイヤモンドより、私はスイートテン・ジャーニーがいい、と。そう言われたら行くでしょ」

夢から逃げない高橋歩。世界一周の旅へ再び出ることとなる。前回との大きな違いは4歳と6歳の子供が一緒だ、というところ。子供たちと共に4人で世界一周。さあ、どうやる？

「友人からのアドバイスでキャンピングカーでの旅を知った。さやかにどう思うか聞いたら返答は『絶対に嫌だ!』と即却下。さあ、どうしよう。それで

※2 彼のプロフィール

高橋歩　Ayumu Takahashi
作家、レストランバー・ゲストハウス経営、出版社経営、自給自足ビレッジ主宰、災害支援NPO代表、海外貧困地域でのフリースクール主宰など、世界中、様々な分野で活動する自由人。2008年、結婚10周年を記念し、家族4人でキャンピングカーに乗り、世界一周の旅へ。2013年、約4年間に渡る家族での世界一周の旅を終え、ハワイ・ビッグアイランドへ拠点を移す。現在、著作の累計部数は200万部を超え、英語圏諸国、韓国、台湾など、海外でも広く出版されている。

official site:　www.ayumu.ch

いろいろ考えたんだ」

キャンピングカーの写真を集めた。いい感じの写真を選びプレゼン。アメリカでレンタル可能な車種の資料を丁寧に見せ続け、彼女を説得。

「豪華マンションの一室にハンドルつけました、みたいなモーター（車）ホーム（家）。それだったらどうだろう。しだいに満更でもなくなってきてね」

ちょっとでも嫌だと思ったらキャンピングカー旅は終了。そんな約束でスタートしたという。ハングリー過ぎ、ワイルド過ぎというイメージは覆せるのか。元銀座OLには難しいかもしれない。ところが、

「ばっちりキャンピングカーの魅力に家族でハマったんだよね」

玄関開けたら今日はビーチ。明日は山奥。
その次の日はグランドキャニオン。最高でしょ。

恐る恐るトライしたモーターホームの世界。それが見事にマッチした。海に、川に、山に、そのままいける自由さ。最高の景色を求めてのアドベンチャーは高橋ファミリーをとりこにした。気がつけば、アメリカ、カナダ、アラスカを9ヶ月。オーストラリアに渡り3ヶ月。家族世界一周の期間、約4年（この間東日本大震災が発生。ボランティア活動団体を立ち上げ復興にも従事している）のうちで、合わせて1年以上をキャンピングカーで過ごしている。その魅力はなんだったのだろう？

「玄関開けたら今日はビーチ。明日は山奥。その次の日はグランドキャニオン。最高でしょ。家族で盛り上がって、マジどこでも住める、ってなった。たまに寄ったRVパークもいいよね。プールがあったりで子供たちも大喜び」

トラブルはなかったのだろうか。

「車内で飲み物こぼすとか、細かいものはそれこそ沢山あったと思うけれど、

今考えるとなんでもないものばかり。なんだろね。そうだ、NY。マンハッタンに入った途端、クラクション鳴らされまくった。道は狭いし、屋根は擦りそうになるし、とにかくみんな凄い速さで車線変更して急いでいる。誰も道を譲ってくれないよね。あそこはキャンピングカーで行くところじゃありません」

懐かしそうに笑う高橋歩。この経験がのちに自身の著書につながる。交通事故により車椅子で生活していた元不良のバイク乗りCAP。そして歩と歩の仲間たちがキャンピングカーに乗ってアメリカを横断する冒険記『DON' T STOP!』。この旅の記録はのちにドキュメンタリー映画（※3）にもなり、評価を受けた。残念ながら僕はその旅には参加できなかったけれど主題歌で貢献。僕のアメリカ、キャンピングカー熱はここから始まった、と言ってもいい。

「キャンピングカーのいいところ、それは何か新しいことが起こっちゃうかもな、と思えるところ。そんな期待感がある。ホテルが決まった旅とは違い、何が起こるかわからない。ハラハラドキドキだよね。カフェなんかなくても、いい景色があってそこに停めたら、最高のカフェのできあがり。新しいことが起こる可能性。予期せぬ出会い。それが思い浮かぶ。決まった旅もいいけれど、そんな旅をやってみたいんだったら、まずは踏み出すこと」

そうだよね、覚悟が全て。難しく思えたってやり方はいろいろあるはず（※4）。まずはシンプルに"決める"こと。また今日も僕は高橋歩から学ぶんだ。

※3　ドキュメンタリー映画

映画『DON'T STOP!』。交通事故で下半身と左腕の自由を失った男が、仲間とともにアメリカ大陸を旅する姿を追ったドキュメンタリー。年齢も立場もバラバラの11人が、アメリカ大陸4200キロ、10日間の旅の過程でさまざまな出会いや奇跡的な出来事を体験していく姿を追う。俳優の小橋賢児が初監督を務めた作品。

※4　難しく思えたってやり方はいろいろあるはず

高橋歩ファミリー、そしてガクエムシーは、アメリカでのキャンピングカーライフをサポートしてくれる日本で唯一のモーターホーム（キャンピングカー）の旅専門旅行会社『トラベルデポ』に大変お世話になった。車の手配はもちろん、車の取り扱いから、ルート作り、キャンプ場の手配まで丁寧に相談に乗ってくれるので安心。きめ細かいサービスがありがたかった！ ■トラベルデポ　http://motor-home.net/

THE CHOICE IS YOURS

"選ばなかったモノ。選んだ人生。"

LIFE STORY: 18

Daisuke Yosumi

四角大輔

楽しい人生を送る。

きっと誰もが思うこと。毎日を笑って過ごしたい。だから
誘われたら飲みにも行くし、持っていて快適だとか便利な
モノがあれば、手に取る。流行りに敏感だったりするともう大変だ。季節ご
とに発表される新作のファッション。キラキラ見える。だけど忘れてはいけ
ない。永遠に続くと思われる日々もいつかは終わる。ポケットの中のお金
だってもちろん有限。全てを手にすることはできないわけで。

「全ては選択です。何を選んで、何を選ばないか。興味がないことはミニマ

※ 四角大輔
_{よすみだいすけ}

ニュージーランド在住の執筆家／森の生活者。オンライン
サロン〈LifestyleDesign.Camp〉主宰。グリーンピース
ジャパン&環境省アンバサダー。著書に、『人生やらなくて
いいリスト』『自由であり続けるために 20代で捨てるべき
50のこと』『モバイルボヘミアン 旅するように働き、生き
るには』『バックパッキング登山紀行』『The Journey』
『LOVELY GREEN NEW ZEALAND 未来の国を旅する
ガイドブック』など。レコード会社プロデューサー時代に
は、10度のミリオンヒットを記録。エシカルな現場を視察
するオーガニックジャーニーを続け、65ヶ国以上を訪れる。

ムに。そしてこれと決めたことはマキシマム。全てをそこにつぎ込む。そ
れが大事だと思う」

今日のお相手は四角大輔（※）。ニュージーランド（以降NZ）を拠点に活躍
する執筆家。湖のほとりに建つ一軒家に加え、海沿いのキャンプ場に停めて
あるモーターホームが彼の拠点。写真を見たらため息が出るよ。こんな暮
らし、僕だってしてみたい。
誰もが羨むような素晴らしい生活を彼は三十代の後半にして手に入れた。

学生時代からずっと、この生活を夢見て準備してきました。
そのために15年かけて全てを注ぎ込んできた。

執筆した本はベストセラー。自宅で採れる有機野菜と目の前の湖や海で釣った魚を調理し、できるだけ自給自足を心がけて暮らしている。日本に暮らす僕ではまったく想像のつかないクールな人生。かけ離れ過ぎていて、真似しようとすら思えない。

「学生時代からずっと、この生活を夢見て準備してきました。湖畔に住んで大好きな釣りをしながら生きる。そのために15年かけて全てを注ぎ込んできた」

四角氏の前職はレコード会社勤務のサラリーマン。A&Rという役職で、わかりやすく言うと、アーティストと世の中を繋ぐプロデューサー。制作全般に

たずさわり、戦略を練りプロジェクトの責任者として働く。ケミストリー、絢香、そしてSuperfly。担当アーティストは皆様ご存知の売れっ子ばかり。でもそれを手放した。

「ずっと人づき合いが苦手、自然の中にいるのが好きで、ツーリング自転車で2時間ほどかけて、遠くの山上湖に釣りに通いつめるような少年でした。高校になったらその自転車がオフロードバイクに変わり、大学で自作のキャンピングバンになった。そのバンで日本中を旅して、将来住む湖探しをずっとしていた。北海道で理想とする湖を見つけて大学を卒業し、入社した会社がソニーミュージック。新人の営業マンは地方勤務を命じられることが多く、その湖に車で行けることから札幌勤務を志願した」

レコード会社時代の四角氏を僕は知っている。人あたりがよくて、聞き上

手。知性溢れる印象の彼だったが人づき合いが苦手だったとはまったくもって予想外。数年後、苦労の末に成功を手にして、それをあっさり手放す勇気にも驚いた。

「NZとの出会いは学生時代。見つけていた北海道のその湖で暮らそうと決意を固めたころ、NZ留学中の親友からの手紙が届いた。同封された写真には僕が理想とする全てが写っていたんです。透明に輝く湖とデカい鱒。しかも、そんな湖が50箇所以上あると書かれている。これは凄い、と。ネットがないころだったので、その手紙が全て。それからは、全ての選択をNZの湖畔で暮らすために判断していきました。だからソニー入社後も、上司や同僚にはそのことは伝えてたけど、いつも笑われてた」

海外移住に必要な資金。それらを貯めるために無駄を極限まで省く。服は

古着、家具や電化製品は中古、住む部屋も車もオンボロだった、と彼は言った。無駄だと思う飲み会やつき合いの食事もなし。人生の目的のひとつである湖でのフライフィッシングと登山。その道具以外の全てで"選ばない"という選択をした。お金を貯めて時間を有効に使った。そして準備は整った。

「もちろん音楽業界を離れるのは簡単ではありませんでした。悪くも言われたし。でもやっと夢が叶うと思ったら、そんなことは一切気にならなかった。そして、移住して湖の畔で暮らし始めたら、完全に自分を取り戻すことができた。初年度の収入は10分の1になったけれど不安は何もなかった」

移住する2年前、iPhone と MacBook Air が登場。この存在がなかったら、移住後の仕事の選択肢は、現地の旅行ガイドか日本料理屋さんで働くくらいしか、仕事の選択肢がなかったかもしれないと、四角氏は言う。オンラインの仕事の

み受けると覚悟を決めると、スカイプによるアドバイザリーやコンサルなどが舞い込み、自著が売れ、予想以上の収入が確保できた。これは彼の持っていた運。成功者は準備も怠らないが、いつだって奇跡のタイミングを引き寄せる。

「キャンピングカーとの出会いも運命的でした。もともとNZに移住して最初に住む予定だった家が購入できなくなって、出発直前に家なしになった。部屋を借りることも考えたが、せっかくNZで場所に縛られない働き方をするんだから、いっそのこと湖畔のキャンプ場に住めばいいんじゃないか、と。学生時代に、年の半分近くをバンライフに費やした経験も大きかった。NZは中古のモーターホームが沢山流通してるし。絶対にその方が面白い。そんな理由でキャンピングトレーラー暮らしが始まりました」

湖畔の家を見つけるまでの半年間を暮らしたキャンピングトレーラー。湖畔の家を見つけたあともその自由さゆえ手放さず、場所を海辺のキャンプ場に移動。そこに置きっぱなしにして、月に何度も通っているという。3年前に同じキャンプ場内の、ビーチまで徒歩10秒という好位置に移して、少し大きめのそれに買い替えた。湖畔の家も海沿いのキャンピングトレーラーも四角氏にとってはホームであり、自給自足ライフのための漁場。執筆にも欠かせない大切な職場。彼風に言えば、

「最大化すべきモノ」

ということだろう。

選んで、そして選ばなかったモノを徹底的に排除して、彼はここまできた。なんとなく、まんべんなく全てを平均的に持っている。そんなことは魅力的じゃないんだ。彼と話していると、いつもそう突きつけられる。ポケットの中は有限。だからこそ、メリハリをつけて、極端に。そうやっていくことで人生は素晴らしいものとなる。

最後に彼との対談で胸に残った言葉を。

NZ暮らしやキャンピングトレーラーを羨ましいと言う人もたしかにいる。
でも、他を削ればあなたにも買える。移住という夢も同じ。
寿命がある人間にとって時間は命。時間を提供して得るお金も命。
人生は何に命を費やすかで決まる。

エピローグ　Epilogue

21人に聞いたキャンピングカーのある人生。ある人はそれこそが"自由"と言った。ある人は、その方が経済的と言った。家族が一つになって、最高と言う人も。それぞれがそれぞれで魅力に溢れた回答だった。それにしても振り切れた人、多いなあ。出会いってやっぱり素晴らしい。

この本の執筆を行なっている最後の最後、僕はキャンピングカー GAKU号で旅をしている。大好きな音楽仲間たちといつものように機材と服、物販や寝具をぱんぱんに詰め込んで（今回はサーフボードも載せたんだ）東京から宮崎までのトリップ。ライブをして、空いた時間にこの文章を書き、波乗りをしながら、きたるべき素晴らしい出会いのためにココロのドアを開けているところ。どんな出会いがあるだろう。

もうすぐこの快適なバンともお別れ。2019年の秋から1年間の予定で使えることとなっていた最高の相棒（新型コロナウイルス対策のために出された2020年4～5月の緊急事態宣言。その外出制限のお陰で梅雨前の最高の季節を逃したのは痛かったが、返却時期を半年延ばしてもらえたのは人間万事塞翁が馬と言ったところか）。素晴らしい時間をありがとう。これを作ってくれた人、使える機会を与えてくれた皆様にはただただ感謝です。

キャンピングカーが僕に与えてくれたもの。それははかりしれない。本当に様々な出会いがあった。訪れる街々で感じる素晴らしい時間。一番の絶景は、と聞かれるとあり過ぎて少々困る。それでも、と言われたら公共交通機関を使っていたらまず行かない瀬戸内海かもしれない。やっとのことでたどり着いた海沿いの駐車場。疲れ果てて眠りに落ちた翌朝、そこで見た景色が忘れられない。車の中でできた曲もある。車内にメンバーと楽器と録音機材を並べ、記録した曲は後にとあるアウトドア番組の主題歌として使われた。これも新しい出会い。

そうそう。音楽旅行のためにリクエストして作ってもらった車だけれど、一度家族で使ってみた。僕と妻、そして3人の子供たち。湖のほとりに車を停めて、ご飯を作って食べた。いつもは夕食後すぐに眠りにつく末っ子も興奮がさめないのか、随分遅くまで車の中ではしゃいでいた。それを眺めて飲んだ白ワインはその年一番の味がした。

この車を返したあとはどうしよう。沢山の出会い、やり方があったのでとても悩んでいる。この面白くて限りなく深い、"キャンピングカー沼"。その奥深くまで潜ってみようかな。そうだ、気に入ったベース車を見つけ、内装を全てとっぱらい、イチから自分で作ってみるのもいいかもしれない。シンプルに必要なものをイチから考えて、削ぎ落とす。使い方を想像して、組み立てる。究極のDIY。次の一手はそんなことかもしれないと、ぼんやり今は思っているところ。

最後に。

ラップミュージックが好き。この音楽のいいところは"沢山の人の背中を押すことができる"、というところ。ラップをさらに多くの人に知ってもらうために、好きになってもらうために、今日も僕はアイモカワラズ歌っている。

キャンピングカーと出会えたお陰で、音楽を届けるやり方が変わった。より"自由"になった、と言っていい。これから先もずっとずっと音楽を続けるために、僕はキャンピングカーに乗るだろう。孫ができるような歳になったら、少し小さめのそれに乗り換えて、一人ギターを載せて、今日はニシへ、明日はヒガシへ。そんなのもいいよね。そしてずっと青春を謳歌したまま進むんだ。何ものにもとらわれず、自由で、素敵な出会いに満ち溢れた感動の日々。

それこそが人生だ。

人生にキャンピングカーを。

さあ、君はどうする?!

人生にキャンピングカーを

2021年9月2日　初版発行

■著　GAKU-MC
■デザイン　高橋実
■編集　滝本洋平
■写真　シュウゴ
■カバー写真　Andy Reynolds/DigitalVision/ゲッティイメージズ

感謝　J-WAVE、niko and ...、NIKE Japan、カートラジャパン、Alisa Evans（エシカルコーディネーター）
特別感謝　この作品を手にしてくれたアタナに！　最大の感謝を！

発行者　高橋歩

発行・発売　株式会社A-Works
〒113-0023 東京都文京区向丘 2-14-9
URL：http://www.a-works.gr.jp/　E-MAIL：info@a-works.gr.jp

営業　株式会社サンクチュアリ・パブリッシング
〒113-0023 東京都文京区向丘 2-14-9
TEL：03-5834-2507　FAX：03-5834-2508

印刷・製本　株式会社光邦

PRINTED IN JAPAN